自然科学新启发丛书

主　编　姚宝骏　郭启祥

本册主编　李　平

生命的圣火

shengming de shenghuo

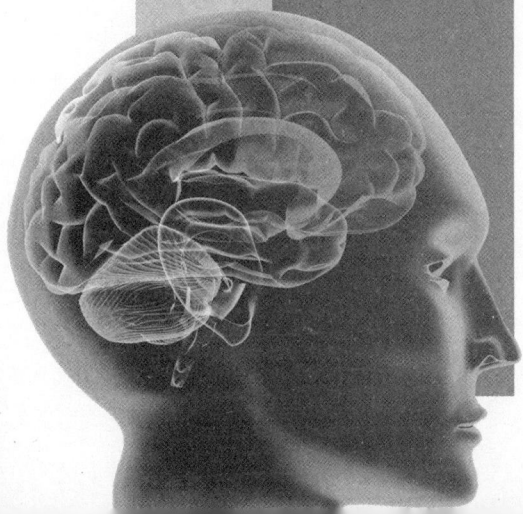

百花洲文艺出版社
BAIHUAZHOU LITERATURE AND ART PRESS

致同学们

亲爱的同学们：

在我们这个美丽的地球家园，有各种各样丰富多彩的生物成员：植物类的花草树木，动物类的飞禽走兽以及肉眼看不见的微生物等等。在这个家园里，这些生物之所以能够生长、发育以及繁殖后代，都是因为这些生物能够进行新陈代谢。

如果没有新陈代谢，那么生物就不再是生物，而是死物；正因为新陈代谢才使得生物有了生命活力，才使得生命的圣火得以燃烧。

然而，你可知道，新陈代谢究竟是怎么一回事呢？是哪一种神奇的物质催化着细胞中的化学反应，推动着新陈代谢？生命的能量从根本上来说是从哪里来的呢？直接为生命活动提供能量的是什么物质以及如何获得这种物质？三大营养物质在人体内是怎么代谢变化的呢？植物是怎么"喝水""吃饭"的呢？

这么多问题，我想你一定一头雾水，但是不要担心与失落，请放心，有"牛牛"会帮你呢。"牛牛"将会带着你走进生物新陈代谢的知识殿堂，帮你一一解答上述问题，让你茅塞顿开。你要做的就是跟着"牛牛"的脚步，开始我们的旅行。

好吧，让我们翻开课本，出发了！Let's Go!!!

你们的同学：牛牛

目录
mulu

第一章　新陈代谢与酶

　　同学们可能都知道，在我们的日常生活中，存在着各种各样的化学反应，比如铁生锈、煤燃烧等。但是你可能不知道，在生物的细胞中也无时无刻不进行着各种各样的化学反应，只不过这些反应要依赖于细胞中一种神奇的催化剂——酶的催化才能进行。正是因为有了新陈代谢才使得我们生物能够进行各种生命活动。同学们一定很疑惑，不用担心，接下来"牛牛"就带领大家一起来探究生物的新陈代谢和酶。

牛牛大讲堂

生活中的化学反应

　　在化学反应中，反应物经过一系列变化生成新物质。

　　水结冰不是化学反应，只是从水的液体状态变成了固体状态，仍然是水并没有生成新的物质。

　　生产生活中有很多化学反应。铁器在潮湿的空气中，

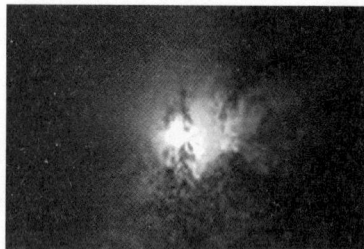

生锈的铁   鬼火

表面会慢慢生成一层铁锈；长期放置在潮湿的空气中，铜器表面会变成绿色，那是因为铜与氧气、水分和二氧化碳发生化学反应生成铜绿；传说中的"鬼火"其实也是化学反应的结果。人死了，躯体埋在地下腐烂，人体骨骼里含有较多的磷化钙，磷由磷酸根状态转化为磷化氢。磷化氢是一种气体物质，燃点很低，在常温下与空气接触便会燃烧起来（$Ca_3P_2 + 6H_2O \rightarrow PH_3 + 3Ca(OH)_2$，$PH_3 + 2O_2 \rightarrow H_3PO_4$）。磷化氢产生之后沿着地下的裂痕或孔洞冒出到空气中燃烧发出蓝色的光，这就是人们所说的"鬼火"。物质的燃烧都是化学反应，比如清洁能源氢气在空气中燃烧。

在化学反应中，有一种叫做催化剂的物质，它能改变其他物质的化学反应速率，而本身的组成、质量和化学性质在反应前后都没有发生变化。例如，在常温条件下，过氧化氢分解得很慢，但当二氧化锰作为过氧化氢（双氧水）分解的催化剂时，可以大大加快过氧化氢的分解速率。

细胞中的化学反应——新陈代谢

我们人是由细胞构成，实际上除病毒外所有的生物都是由细胞构成，细胞是生物体结构和功能的基本单位。

我们通常说的化学反应都是指在细胞外发生的化学反应，其实细胞中也时时刻刻都在进行着化学反应，只是我们没有察觉。比如，常见的发生在细胞中的化学反应有：细胞进行呼吸作用产生各种生命活动所需的能量，因此我们才有能量思考、运动、维持生命等；植物的绿叶细胞在光下进行光合作用，将无机物二氧化碳和水转化成有机物和氧气，因此我们和其他动物才有食物和氧气；我们吃进去的食物总能转化成自身的物质，比如我们吃了猪肉不会让我们也长猪肉，而是变成了我们自身的"人肉"……这些都是在细胞中进行的化学反应。其实细胞中进行的化

各种各样食物

3

学反应很多很多，数不胜数。

新陈代谢就是生物体内全部有序化学变化（化学反应）的总称，包括物质方面的变化（物质代谢）和能量方面的变化（能量代谢）两个方面：

1.物质代谢。是指生物体与外界环境之间物质的交换和生物体内物质的转变过程。可细分为两种。一是从外界摄取营养物质并转变为自身物质。例如，我们吃各种各样的食物，最终都是转变成我们自身的物质，而不会因为我们吃牛肉、牛奶而长成牛。二是自身的部分物质被氧化分解并排出代谢废物。比如我们人体产生的尿液就是一种代谢废物。

2.能量代谢。是指生物体与外界环境之间能量的交换和生物体内能量的转变过程。可细分为储存能量和释放能量。植物进行光合作用就是将光能储存在光合作用形成的有机物中，即储存能量。细胞的呼吸作用就是将自身的有机物分解释放能量以满足各种生命活动所需，即释放能量。萤火虫发光就是释放出能量用来发光。

在某一个代谢反应中，既有物质代谢又有能量代谢，物质代谢总是伴随着能量代谢，它们就像一对孪生姐妹。例如，在光合作用中，物质代谢是二氧化碳和水转变成有机物和氧气，能量代谢是把光能转化为稳定的化学能储存在有机物中。

在新陈代谢过程中，既有同化作用，又有异化作用。

1.同化作用（又叫做合成代谢）。是指生物体把从外界环境中获取的营养物质转变成自身的组成物质，并且储存能量的变化过程。根据生物体在同化作用过程中能不能利用无机物制造有机物，新陈代谢可以分为自养型和异养型两种。

绿色植物直接从外界环境摄取无机物，通过光合作用，将无机物制造成复杂的有机物，并且储存能量，来维持自身生命活动的进行，这样的类型属于自养型。少

人和牛是异养型，草是自养型

数种类的细菌，不能够进行光合作用，而能够利用体外环境中的某些无机物氧化时所释放出的能量来制造有机物，并且依靠这些有机物氧化分解时所释放出的能量来维持自身的生命活动，这种合成作用叫做化能合成作用。例如，硝化细菌能够将土壤中的氨（NH_3）转化成亚硝酸（HNO_2）和硝酸（HNO_3），并且利用这个氧化过程所释放出的能量来合成有机物。总之，生物体在同化作用的过程中，能够把从外界环境中摄取的无机物转变成为自身的组成物质，并且储存能量，这种新陈代谢类型叫做自养型。

人和动物不能像绿色植物那样进行光合作用，也不能像硝化细菌那样进行化能合成作用，它们只能依靠摄取外界环境中现成的有机物来维持自身的生命活动，这样的类型属于异养型。此外，营腐生或寄生生活的真菌、大多数种类的细菌，它们也属于异养型。总之，生物体在同化作用的过程中，把从外界环境中摄取的现成的有机物转变成为自身的组成物质，并且储存能量，这种新陈代谢类型叫做异养型。

2.异化作用（又叫做分解代谢）。是指生物体能够把自身的一部分组成物质加以分解，释放出其中的能量，并且把分解的终产物排出体外的变化过程。根据生物体在异化作用过程中对氧的需求情况，新陈代谢的基本类型可以分为需氧型、厌氧型和兼性厌氧型三种。

需氧型　绝大多数的动物和植物都需要生活在氧充足的环境中。它们在异化作用的过程中，必须不断地从外界环境中摄取氧来氧化分解体内的有机物，释放出其中的能量，以便维持自身的各项生命活动。这种新陈代谢类型叫做需氧型，也叫做有氧呼吸型。

厌氧型　这一类型的生物有乳酸菌和寄生在动物体内的寄生虫等少数动物，它们在缺氧的条件下，仍能够将体内的有机物氧化，从中获得维持自身生命活动所需要的能量。这种新陈代谢类型叫做厌氧型，也叫做无氧呼吸型。

兼性厌氧型这一类生物在氧气充足的条件下进行有氧

呼吸，把有机物彻底地分解为二氧化碳和水，在缺氧的条件下把有机物不彻底地分解为乳酸或酒精和水。典型的兼性厌氧型生物就是酵母菌。

生物体内无时无刻不在进行新陈代谢，学习工作、运动劳动、休息睡觉时都在进行新陈代谢。只有当某个生物死亡了，新陈代谢才停止。动物冬眠时，虽

酶的结构

然不吃不喝，但是新陈代谢并未停止，只不过变得非常缓慢。

幼婴儿、青少年正在长身体的过程中，需要更多的物质来建造自身的机体，新陈代谢旺盛，同化作用（合成自身物质）占主导位置。到了老年、晚年，新陈代谢就逐渐缓慢，异化作用（分解自身物质）占主导位置。

生物体内神奇的催化剂——酶

细胞外有些化学反应需要催化剂或者需要剧烈的条件（如高温高压等）才能发生反应，而细胞中一般是常温、常压、pH中性或接近中性的水环境温和条件，其中的化学反应要在一种特定的催化剂——酶的催化下进行。

没有酶催化

酶使活化能降低

有酶催化

反应过程

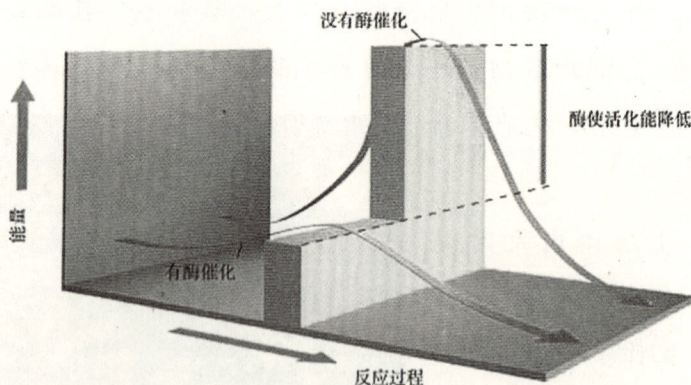

酶降低反应的活化能

酶是生物体内活细胞产生的一种生物催化剂，它能加速各类生化反应的速度，本身几乎不被消耗。酶存在于所有活的生物体内，是维持机体正常功能、消化食物、修复组织等生命活动的一种必需物质。生物体内含有千百种酶，它们支配着生物的新陈代谢过程，几乎参与所有的生命活动，如思考问题、运动、睡眠、呼吸、愤怒、哭泣或者分泌荷尔蒙等。若没有酶，生物体内的化学反应将无法进行，生命现象将会停止，生命将会终结。因此酶对新陈代谢、对生命是非常重要的。

无酶途径

有酶途径

走隧道需要的能量少

大多数酶是蛋白质，只有少数是RNA。RNA是核酸的一种，少数是RNA本质的酶又称为核酶。

酶和无机催化剂为何能加速化学反应呢？任何一个分子要发生化学反应，都必须先被活化，即增加能量使分子从常态跃迁到容易发生化学反应的活跃状态。分子从常态跃迁到容易发生化学反应的活跃状态所需要的能量，称为化学反应的活化能。以过氧化氢的分解为例，加热能促进过氧化氢的分解，是因为加热使过氧化氢分子得到能量，从常态转变为容易分解的活跃状态，从而更容易分解。酶或无机催化剂（如Fe^{3+}）促使过氧化氢的分解，并没有给过氧化氢能量，而是降低了过氧化氢的分解的活化能。如果把化学反应比作驾车翻越一座高山，加热相当于给汽车加大油门，而用催化剂相当于帮汽车打通了一条穿山隧道。

酶作为生物体内的催化剂，具有以下几个特性：

1. 酶具有高效性。酶和无机催化剂都能加速化学反应，但是，同无机催化剂相比，酶降低化学反应活化能的作用更显著，

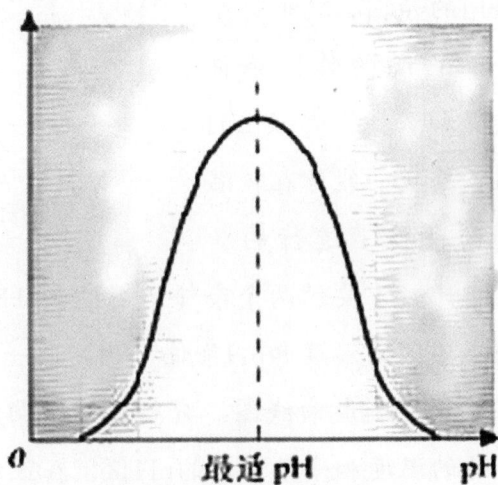

酶活性受pH值影响示意

催化效率更高。酶的催化效率大约是无机催化剂的$10^7 \sim 10^{13}$倍。（探究酶的高效性见小小科学家实验一）

2.酶具有专一性，即一种酶只能催化一种或一类底物。例如，淀粉酶只能催化淀粉的分解，而不能催化蔗糖的分解，蛋白酶只能催化蛋白质水解成多肽。这就好比宾馆旅店里一把钥匙只能开一个房间的锁。

一把钥匙只能开一把锁（酶的专一性）

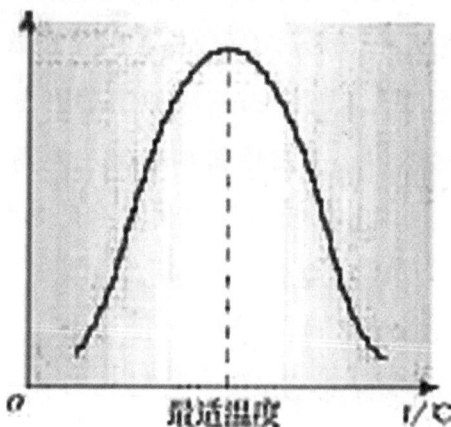

酶活性受温度值影响示意

3.酶的作用条件较温和。指酶所催化的化学反应一般是在较温和的条件下进行的，其中比较重要的两个条件是温度和pH。科学家实验研究分别在不同的温度和pH条件下测定同一种酶的活性，根据所得数据绘制成曲线图。分析这两个曲线图可知，酶有一个最适的温度和一个最适的pH值，在最适宜的温度和pH条件下，酶的活性最高。温度和pH偏高或偏低，酶的活性都会明显降低。

一般来说，动物体内的酶最适温度在35~40℃之间；植

物体内的酶最适温度在40~50℃之间；细菌和真菌体内的酶最适温度差别比较大，有的酶最适温度可高达70℃。

动物体内的酶最适pH大多在6.5~8.0之间，但也有例外，如胃蛋白酶的最适pH为1.5；植物体内的酶最适pH大多在4.5~6.5之间。

过酸、过碱或温度过高，会使酶永久失活。但是低温条件下酶的活性明显降低，不会失活，在适宜的温度下酶的活性可以升高。酶制剂适于在低温（0~4℃）下保存。

小知识链接

RNA即核糖核酸，是两种核酸（DNA、RNA）中的一种。有3种RNA：转移核糖核酸（TRNA）、信使核糖核酸（MRNA）和核糖体核糖核酸（RRNA）。

核酶是具有催化功能的RNA分子，是酶的一种。它的发现打破了酶是蛋白质的传统观念。

小小科学家

探究酶的高效性

——比较过氧化氢在不同条件下的分解

活动目标

1. 进行比较过氧化氢在不同条件下分解的实验。

2. 探究酶的高效性。

背景资料

1. 相关知识。

化学反应活化能在一个化学反应体系中，任何一个分子要发生化学反应，都必须先被活化，即增加能量。分子从常态跃迁到容易发生化学反应的活跃状态所需要的能量，称为化学反应的活化能。

酶在化学反应中的作用，本质是一种有机催化剂。与无机催化剂相比较，其主要作用是高效性，即在常温常压下能显著地降低化学反应所需要的活化能，从而促进化学反应高效地进行。

2. 实验原理。

新鲜的肝脏中含有较多的过氧化氢酶，过氧化氢酶可以催化过氧化氢分解为水和氧气。过氧化氢酶在不同的温度下催化效率不同。$FeCl_3$溶液中的Fe^{3+}也对过氧化氢的分解反应具有催化作用，但催化效率要低很多。

3. 材料用具。

（1）材料　新鲜的质量分数为20%的肝脏（如猪肝、鸡肝）研磨液。

（2）用具　量筒，试管，滴管，试管架，卫生香，火柴，酒精灯，试管夹，大烧杯，三脚架，石棉网，温度计。

（3）试剂　新配制的体积分数为3%的过氧化氢溶液，质量分数为3.5%的$FeCl_3$溶液。

4. 方法步骤。

（1）取4支洁净的试管，分别编上序号1、2、3、4，向各试管内分别加入2ml过氧化氢溶液，按序号依次放置在试管架上。

（2）将2号试管放在90℃左右的水浴中加热，观察气泡冒出的情况，并与1号试管作比较。

（3）向3号试管内滴入2滴$FeCl_3$溶液，向4号试管内滴入2滴肝脏研磨液，仔细观察哪支试管产生的气泡多。

（4）2～3min后，将点燃的卫生香分别放入这两支试管内液面的上方，观察哪支试管中的卫生香燃烧猛烈。

本实验共设置了4组小实验（见下表）。

编号	处理情况	图示	组别	现象
1号	常温		对照组	过氧化氢的分解速率十分缓慢（难以观察到气泡的产）
2号	高温（90℃）水浴		实验组	过氧化氢分解速率加快，有大量小气泡产生
3号	常温，加入$FeCl_3$溶液		实验组	与2号试管相比，有更多的气泡产生；卫生香稍微燃烧
4号	常温，加入过氧化氢酶溶液		实验组	与3号试管相比，气泡大并且产生的速率快，卫生香燃烧更旺

说明：2号和1号的对照实验说明，温度升高有助于过

氧化氢的分解，但细胞内不可能存在高温条件；3号、4号未经加热也有大量气泡产生，说明催化剂能降低化学反应的活化能，能加快化学反应的速率；4号和3号的实验现象相对比说明，在相同的常温条件下，酶的催化效率远远高于无机催化剂的催化效率

5. 需要注意的几个问题。

（1）一定要保证肝脏的新鲜程度。新鲜肝脏中含有较多的过氧化氢酶，如果肝脏不新鲜，在微生物的作用下，过氧化氢酶可能被分解。另外，肝脏一定要充分研磨，以保证肝细胞破裂，否则可能影响实验效果。

（2）试管壁一定要清洗干净，否则在温度不高的情况下，会在试管壁上形成小气泡，从而干扰实验结果的观察。

（3）在测定水浴的温度时，温度计的水银球不要接触正在加热升温的烧杯的底部，否则测出的水温会高出所需要的正确温度。

（4）不要混用滴管。混用滴管的直接后果是实验的现象不一定真实可靠。

探究酶的专一性
——淀粉酶对淀粉和蔗糖水解的作用

实验原理

1. 蔗糖、淀粉水解都会生成葡萄糖（还原性糖）。

2. 还原性糖（葡萄糖）与斐林试剂反应生成砖红色沉淀。

3. 若淀粉酶有专一性则只催化淀粉水解成葡萄糖最终与斐林试剂产生砖红色沉淀，而蔗糖不水解不出现砖红的沉淀。

实验试剂的准备

1.质量分数为2%的新鲜淀粉酶。

a. 称取2g淀粉酶（可从市场购买）

b. 将淀粉酶溶于98ml清水中

c. 低温冷藏备用

可代替溶液：唾液淀粉酶溶液

用清水将口漱净，口含一小口清水2-3min，将口中的清水收集到干净的小烧杯中，稀释两倍，用玻璃棒搅拌均，即制成稀释的唾液淀粉酶。

2.斐林试剂：

a. 配制5%NaOH和3%$CuSO_4$溶液。

b. 向5%NaOH中加入等量3%$CuSO_4$溶液，混合均匀即可。

3.可溶性淀粉（3%）。

3g可溶性淀粉＋97ml水加热溶解，冷却后备用。配制淀粉溶液时，要先将淀粉溶解于少量的冷水中，再用开水定量，以达到所要求的浓度，如果溶液仍混浊不澄清，就应把配好的溶液煮沸约2分钟，直到澄清为止。

4.3%的蔗糖溶液。

3g蔗糖＋97ml水加热溶解，冷却后备用。

步骤

1. 取2支洁净的试管，编上号，并且分别按下表中序号1至3的要求操作。

2. 轻轻振荡这2支试管，使试管内的液体混合均匀。然后，将2支试管的下半部浸到60℃左右的热水中，保温5min。

3. 取出试管，在其中各加入2ml斐林试剂（边加入斐林试剂，边轻轻振荡试管，以便使试管内的物质混合均匀）。

4. 将2支试管的下半部放进盛有热水的大烧杯中，用酒精灯加热，煮沸1min。

5. 观察这2支试管中溶液颜色的变化情况。

序列	项目	试管	
		1	2
1	注入可溶性淀粉溶液	2ml	\
2	注入蔗糖溶液	\	2ml
3	注入新鲜的淀粉酶溶液	2ml	2ml
60℃水浴，5min			
4	加入斐林试剂	2ml	2ml
沸水浴，1min			

注意事项

1. 实验前必须检查蔗糖纯度，蔗糖溶液浓度为0.03g/ml为宜（浓度过大会影响其正常的颜色反应，而影响实验效果），且蔗糖宜现配现用（实验前配制即可）。

2. 淀粉溶液容易变质，要现配现用。

3. 淀粉酶不能长期保存，也要现配现用，以确保酶的活性。

4. 热水浴宜先准备好，以便缩短实验时间。

探究温度对酶活性的影响
——温度对果胶酶活性的影响

实验原理

果肉细胞壁主要由纤维素和果胶组成。工业上生产果汁时，常常利用果胶酶破除果肉细胞壁以提高水果果肉的出果汁率。果胶酶在不同的温度条件下活性不同。本实验探究不同温度下果胶酶的催化效率，以确定果胶酶发挥活性的最适温度。

材料用具

材料　质量分数为2%的果胶酶，苹果泥。

用具　烧杯，试管，温度计，量筒，漏斗，滤纸。

方法步骤

1.将50ml苹果泥和5ml果胶酶分装于大小不同的试管中，在25℃的水浴中恒温处理5min（图A）。

2.将处理后的苹果泥和果胶酶混合，再次放在25℃的水浴中恒温处理20min（图B）。

3.将步骤（2）处理后的混合物过滤到100ml的量筒中，

收集滤液，测量果汁量（图C），记录在表格中。

4.在30℃、35℃、40℃、45℃、50℃、55℃、60℃等温度条件下重复以上实验步骤，并记录果汁量。记录表如下：

温度/℃	25	30	35	40	45	50	55	60
果汁量/ml								

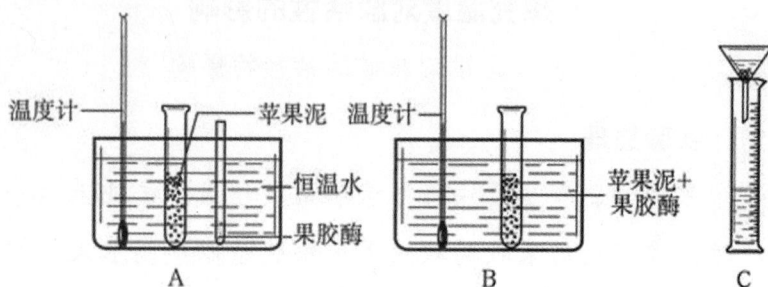

温度计　　　　　苹果泥　温度计

恒温水
果胶酶

苹果泥+
果胶酶

A　　　　　　　　B　　　　　C

5.用温度作为横坐标，果汁量作为纵坐标，将上述表格中的数据做成曲线图。

牛牛趣味集

酒量的秘密

酒与人们的生活自古以来就有着密切的关系，酒量大小也是人们关心的问题。那么，为什么有些人酒量大，喝一斤白酒也不会醉，而有些人偶尔饮一点酒，就面红心跳甚至醉倒

酒

呢？酒量的大小到底与什么有关呢？让牛牛和大家一起来揭开这个谜。

人们饮酒后进入体内的酒精，首先由胃吸收（约占有25%），然后由十二指肠及小肠吸收（约占有75%）。吸收于人体内的酒精，主要由肝脏中的两种脱氢酶（即乙醇脱氢酶和乙醛脱氢酶），在肝脏中进行分解代谢。乙醇脱氢酶能把乙醇变成乙醛，乙醛脱氢酶能使乙醛最终生成二氧化碳和水。当人体内这两种酶含量较多且活性高时，进入人体内的酒精就能被很快地分解，使人不容易醉酒，酒量就大。

一般人体内的乙醇脱氢酶含量差异很小，而乙醛脱氢酶的含量差异很大。此酶的含量反映人的酒量，因为此酶含量少，乙醛不能快速顺利地分解成二氧化碳和水，偶然喝一点酒就会因乙醛在体内的积蓄而引起脸面变色，心跳加快，头晕呕吐等酒精中毒症状。相反乙醛脱氢酶含量多，乙醛能很快分解成二氧化碳和水，进入体内的酒精就能被很快的分解，人的酒量就大。

酶的含量多少，是由基因控制的，有的人天生就能喝很多酒，因为他的基因决定了他有很多酶，有的人天生沾酒就醉，那是因为他的基因决定了他的酶少。

而乙醛脱氢酶的含量则因民族、个人有较大的差异，有的人甚至有缺陷。黄种人与欧美人种不同，乙醛脱氢酶缺陷所占的比例较大，所以总体上相对于欧美人种酒量小

一些，不胜酒力的人也比较多。另外，以性别看，一般在女性中，具有乙醛脱氢酶缺陷的比例比男性大；以地区看，南方人比北方人占的比例大。

人的酒量大小各不相同，饮者要根据自己的酒量，适可而止，不可过量，以免伤身。

如果不得不喝酒的话，有些"喝酒小诀窍"可以使你更不容易醉：

"喝酒前不能空着肚子。"空腹喝酒，因为腹中没有食物，酒水在肠胃里被快速吸收，身体的醉酒"反应"也来得快。因此，在喝酒前尽量多吃点食物。

在喝酒之前，吃些鸡肉、烧鹅等油腻的食物，这些高蛋白、高脂肪能阻碍酒精的吸收，进入血液里的乙醇就少了很多，也可以在喝酒前喝一杯酸奶，能预防酒精过多进入人体。

喝酒的速度宜慢不宜快，饮酒快，则血液中乙醇浓度升高得也快，很快就会出现醉酒状态；若慢慢饮入，体内可有充分的时间把乙醇分解掉，乙醇的产生量就少，不易喝醉。尽量慢一点喝，分小口咽下。

果糖对加速酒精在体内血液中的清除有一定作用。因此，最方便而又最简单的办法就是喝蜂蜜水，因为蜂蜜中含的大部分都是果糖。

红酒里边掺雪碧、可乐，不少人这么操作，以为这样能减低酒精浓度。这是错误的做法。充气饮料中的某些成

分会加快身体吸收酒精。

加酶的牙膏

牙膏作为日常生活用品人们再熟悉不过了。其清爽口腔、保健牙齿、预防疾病的功能已是众所周

生物酶牙膏

知。市场上各式各样的牙膏品种让人目不暇接。什么中草药、氟素、含钙、全护等等，人们耳熟能详。其实如果进行分类就只有两类：保健型和药物型。最近市场上出现的生物酶牙膏是什么类型的呢？它与前两类有本质的区别，应该是第三类牙膏——生物型。我们不妨从功能上做一下对比分析。保健、清爽是牙膏的最基本功能，通过摩擦、溶解、乳化、冲洗等物理方法清理口腔遗留物和口腔分泌的粘液。而药物型是在此基础上加入不同的药物，达到预防口腔疾病的目的。而生物酶牙膏也是在保健牙膏的基础上，也是为达到预防疾病的目的，但加入的不是药物而是生物酶。生物酶牙膏不同于药物牙膏，药物牙膏一般是通过药物杀死细菌达到预防牙病的目的，而生物酶牙膏是通过生物酶溶解有害细菌细胞壁起到抑菌的作用。它讲求平衡菌群，抑制有害细菌，增强口腔自身预防体系。

生物酶是人体内具有的活性蛋白质，它是一种生物催

化剂，人体内99%以上的生化反应都是在酶的催化下进行的。没有生物酶就没有新陈代谢，更谈不上生命。口腔中的生物酶是随着唾液分泌的，它具有溶菌、抗炎、修复组织、抑制出血、调节口腔菌群平衡的作用，是人体自然防御系统的重要组成部分。但人的口腔中生物酶含量在大多数情况下分泌不足，如睡眠、休息时，身体虚弱，长期服用药物，精神压力过大等情况下，都会出现唾液中的生物酶含量降低，使口腔平衡遭到破坏，失去自然防御能力，导致牙病发生这一事实。牙膏中复配生物酶可以在刷牙时使生物酶得到补充。很好地解决上述原因造成的生物酶不足而导致的口腔疾病。生物酶牙膏对口腔炎症、牙龈出血、口腔溃疡、牙石、龋齿（即蛀牙）等都有很好的预防作用。这种牙膏技术含量更高，使用更安全、更有效。

加酶洗衣粉

加酶洗衣粉就是在合成洗衣粉中，加入0.2%～0.5%的酶制剂制成的。在洗衣粉中添加的酶的种类很多，如蛋白酶、淀粉酶、脂肪酶和纤维素酶等。我国在洗衣粉中添加的酶最主要的是碱性蛋白酶。这种酶能耐碱性条件，而且耐贮

加酶洗衣粉

存，对皮肤、衣物没有刺激和损伤作用。碱性蛋白酶能使蛋白质水解成可溶于水的多肽和氨基酸。衣物上附着的血渍、汗渍、奶渍、酱油渍等污物，都会在碱性蛋白酶的作用下，结构松弛、膨胀解体，稍加搓洗，污迹就会从衣物上脱落。

酶的作用较慢，使用加酶洗衣粉时应将衣物在加酶洗衣粉的水溶液中预浸一段时间，再按正常方法洗涤衣物。加酶洗衣粉的pH值一般不大于10，在水温45～60℃时，能充分发挥洗涤作用；水温高于60℃时，碱性蛋白酶要失去活力；水温低于15℃时，酶的活性迅速下降，影响洗涤效果。低于40℃时，则酶作用缓慢，但不易被破坏而失活。因此，加入碱性蛋白酶的洗衣粉，最佳洗涤温度是40～50℃。加酶洗衣粉很适合洗涤衬衣、被单、床单等大件物品。不适合洗涤丝毛织物，因为酶能破坏丝毛纤维，一旦不留心用加酶洗衣粉洗涤丝毛蛋白质类织物，应赶快冲洗晾干。

加酶洗衣粉不宜在高温、高湿的环境中贮存，也不要久存，因为酶的寿命是有限的。一般超过1年，酶的活力会降低很多，甚至失效，会影响去垢效果。

使用加酶洗衣粉时必须注意以下几点：

1.碱性蛋白酶能使蛋白质水解，因此，蛋白质类纤维（羊毛、蚕丝等）织物就不能用加酶洗衣粉来洗涤，以免使纤维受到破坏；

2.使用加酶洗衣粉时，必须注意洗涤用水的温度。碱性

蛋白酶在35℃～50℃时活性最强，在低温下或70℃以上高温就会失效；

3.加酶洗衣粉不宜长期存放，存放时间过长会导致酶活力损失；

4.加酶洗衣粉也不宜与三聚磷酸盐共存，否则酶的活性将会丧失；

5.添加了碱性蛋白酶的洗衣粉可以分解人体皮肤表面蛋白质，而使人易患过敏性皮炎、湿疹等。因此，应避免与这类洗衣粉长时间地接触。

生物吉尼斯

新陈代谢最慢的人——植物人

所谓植物人，是医学上的一种类比。植物有生命，但没有意识和思维。医学上把那种类似植物，有心跳、呼吸、分泌、排泄和新陈代谢却不能进行思维的人称为植物人。向植物人体内输送营养时，还能消化与吸收，并可利用这些能量维持身体的代谢，包括呼吸、心跳、血压等。对外界刺激也能产生一些本能的反射，如咳嗽、喷嚏、打哈欠等。但机体已没有意识、知觉、思维等人类特有的高级神经活动。植物人的新陈代谢非常缓慢，是新陈代谢最慢的人。

植物人最常见原因是急性损伤，包括交通事故、枪伤

及产伤等非创伤性损伤；各种原因引起的缺氧缺血性脑病，如心跳骤停、呼吸骤停、窒息、绞死、溺水等，严重持续性低血压发作脑血管意外，如脑出血、脑梗死、蛛网膜下腔出血等也可能导致病人成为植物人。此外还有中枢神经系统的感染、肿瘤、中毒等。

有资料显示，我们国家每年新增"植物人"近10

植物人

万，全球每年新增"植物人"53万。全球"植物人"在累计数上已相当惊人了。植物人在悠哉游哉地过着"神仙般的日子"的同时，却也能不断创造出令人震惊、喜悦的奇迹。且看以下案例：

植物人妈妈产子。唐瑜陆结婚八年终于怀孕了，可意外却发生了，就在她怀有身孕三个月时突发脑出血成植物人。医生建议打掉孩子以免影响她的康复，丈夫很难抉择，最终决定保住妻子打掉孩子。"听"到丈夫的决定后，植物人妻子奇迹般地流泪了，丈夫激动地说："我老婆哭了，她就快醒了！……她不同意打掉孩子，我老婆要保住这个孩子！我要听老婆的！"丈夫还是很担心妻子，

一直不离不弃地悉心照料，六个月过去了。一天丈夫忽然发现唐瑜陆在颤抖，他赶紧把医生叫来。医生判断唐瑜陆正在宫缩（要生孩子了），当即决定进行手术取出胎儿。手术很顺利，婴儿诞生了，是一名男孩，回到病房不久，丈夫就发现，唐瑜陆那双紧闭了6个多月的眼睛竟然慢慢张开一条缝。丈夫捧起唐瑜陆的脸亲吻着："老婆，你刚才生了一个儿子！你高兴吗？高兴就眨眨眼睛。"唐瑜陆虚弱地躺着，似乎无动于衷，又似乎在酝酿一股力量，终于她微微地眨了一下眼睛。丈夫跑了出去，将这一消息告诉医生，然而医生却告诉他，植物人流泪、眨眼睛并不是表明她醒了，不过这是个好的信号。丈夫信心大增，他凑近妻子耳旁亲昵地说："老婆，加油！"忽然，丈夫感觉自己的手臂被什么东西碰了一下，他低头一看，只见妻子的手指在来来回回弯曲，似乎想抓住他的手臂！丈夫急切地向妻子求证："你是不是能动了？"妻子再次眨了眨眼睛。站在一旁的医生感慨万千地说："没想到母爱的力量这么伟大，刚生完儿子就出现了奇迹。"经过不懈的努力，现在唐瑜陆已经能靠着坐一阵子，并且能自己动动脚，动动手指。她虽然还不能开口说话，却懂得转动眼睛寻找亲人，会微微点头等简单的动作。现在，她正在努力地练习喝水，医生说，等到她能够自己吃饭的那一天，她就可以练习说话了。为了能够亲亲儿子、抱抱儿子，这位植物人妈妈，走过了艰难的岁月。而她正是用这种母爱，

成全了一个新的生命，也成全了自己的新生！

妻子用爱造就奇迹，"植物人"可以走路下棋了。2005年初的一天，李女士的丈夫周先生在跟车送货时，因车祸从货车内摔出，医生检查显示，病人属于典型的"植物人"状态。根据病情，专家认为其恢复的可能性极小，救治风险很大，可能人财两空。面对如此状况，李女士用爱的行动作出回答。丈夫出事后，她把7岁的女儿托给父母，每天一下班就往医院赶，她的举动感动着周围每个人。医生采用电磁平衡疗法改善脑功能，控制感染、营养及免疫支持的综合救治方案。李女士长时间陪伴在丈夫身边，不断地对他讲话、说笑。2个月后，一直对外界任何刺激毫无反应的周先生，终于出现了重大变化。那天妻子带着女儿到周先生身边，孩子一看到父亲就泪流满面，不顾一切地扑上去喊爸爸。丈夫呆滞的眼球似乎动了一下，紧接着几滴晶莹的泪水顺着他的眼角流了下来。在昏迷了200多天以后，丈夫终于苏醒过来。日复一日，年复一年，在李女士的精心照料下，奇迹一点一点发生了。半年后，周先生逐渐恢复了部分记忆，手脚能动弹了，一年后，渐渐能开口说话了；再后来，终于能甩掉轮椅，走几步路了；如今，周先生虽然生活还不能完全自理，但已经能够和人交谈，并做些简单动作。

牛牛问与答

献血有害吗？

血液对我们人体非常重要，具有非常重要的功能，比如输送氧气给全身各组织并把组织中产生的二氧化碳运到肺里，通过血液的循环把营养物质传输到全身

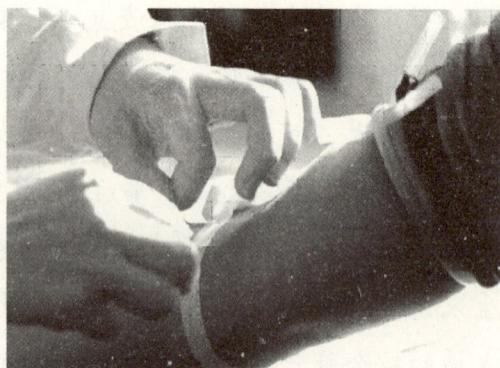

献血

各器官，防御疾病（当有害的细菌或者其他异物侵入身体时，白血球就会吞噬它，起到防御的作用，提高身体的免疫力）。那么献血让我们损失了一部分血液，对我们有害吗？让我们一起来揭开这个谜吧。

科学、适量献血无损身体健康。

从血量上看，每个成人全部血量大约在4800毫升，献血一次为200毫升至400毫升，占总血量的5%~10%。科学测定，健康人一次失血10%以下不会引起症状。无数献血者实践证明，健康人适量献血是不会损害健康的。

从血循环上看，人体约有20%的血液存于肝、脾等器官内，遇有失血，这些储存的血液会迅速补充血容量，在短时间内恢复正常，不会影响正常的血液循环和血压。

从新陈代谢上看，同任何生物一样，人的血液是不断新陈代谢的。一般每4个月红细胞要更新一次。献血会刺激造血功能，新的血液很快产生，血液成分很快会得到补充，这个过程不但不会影响健康，反而能促进人体内的血液新陈代谢。

实际上，健康适龄者坚持科学、适量献血的好处有：

1. 适量献血会刺激骨髓造血系统不断受到激发，促进旺盛的血液新陈代谢，不断生成新的血细胞。新产生的细胞具有很强的吞噬和免疫能力，抗病能力较强，增强免疫力，达到延年益寿的效果。

2. 可使血液黏稠度明显降低，缓解或预防高粘血症，从而使血液流速加快，脑血流量也随之提高，使人感到身体轻松，头脑清醒，精力充沛。

3. 能降低血铁含量，减少附在血管壁上的沉积物形成，降低高血压和心脑血管疾病的发病率。科学报道，体内铁质含量过高的男性，依据科学方法坚持长期献血，还可预防癌症的发生。

4. 献血救人，可激发人们对他人的友爱和感激之情，使他人从中获得温暖，缓解在日常生活中的焦虑，促进心理健康。

献血后要通过新陈代谢恢复失去的那部分血液，就要适当注意补充营养。

献血后的营养补充一般以增加造血功能所必需的各种

营养物质为宜。造血的原料主要包括：蛋白质，铁，叶酸和维生素B_{12}等。

含有优质蛋白质较多的食物有：奶类，瘦肉，蛋类，豆制品等。

含有铁较多的食物有：动物肝脏，海蜇，虾，芝麻，海带，黑木耳，紫菜，香菇，豌豆，大枣，桂园等。另外，炒菜时可选用铁锅。

含有叶酸较多的食物有：猪肝，肾，牛肉等。

含有维生素B_{12}较多的食物有：动物肝脏，猪或羊肾，腐乳等。

总之，献血后不必特别地去吃些什么，只要吃得科学合理，有营养价值，可口，舒服，适量，就能在短时间里，恢复失去的那部分血液。

身材胖瘦与新陈代谢有关吗？

决定身材胖瘦的关键，其实就在于人体对于能量的摄取与消耗。当摄取的能量超过身体每日所需时，多余的能量就会变成脂肪而储存在身体里面，所以体重就会上升！而当消耗的能量低于身体需要的能量时，多余的脂肪或肌肉就能被拿来代谢及利用，这个时候身材就变瘦啦！

当体内的新陈代谢率提高时，可以更有效率地燃烧脂肪，也就是消耗的能量大于摄取的能量时，身材当然就会变瘦！反过来，如果新陈代谢率下降了，过多的热量囤积

在体内便形成了脂肪，身材就只有越变越胖了。

想要拥有好身材，提高新陈代谢率是很重要的。

若要让体重降低，就必须提升新陈代谢率，以下几个方法可以提高新陈代谢率。

肥胖

1. 有氧运动是提升代谢最快速的方法。增加运动的质与量的确是加速新陈代谢最直接快速的方法，并且至少要达到"每周3次、每次30分钟、运动后每分钟心跳达130下以上"才能有助于健康。千万别小看这短短30分钟的运动量，它除了可以帮助消耗热量、减轻体重外，更大的好处是运动之后，能将氧气带到全身各部位，大大提升新陈代谢率、有效燃烧脂肪，效果会持续数个小时之久。

运动

2. 加入重量训练，增加肌肉组织。人体内的肌肉组织

越多，越能燃烧更多热量，使新陈代谢加速。因此，若想维持良好的代谢速度，就必须赶紧锻炼，以增加日渐减少的肌肉量。

对肌肉组织较少的女性来说，举重这类可以帮助增加肌肉的重量训练运动，就显得格外重要，因为增加肌肉数量就能增加新陈代谢。一旦肌肉量增加了，一天将可以增加消耗100～300卡路里，甚至更多。不必担心肌肉训练做多了，会练出一身"健美的肌肉"，因为男女的肌肉组织并不相同，况且，健美选手也不是这么容易就能练成的！

3. 每天吃早餐。早餐是一天中新陈代谢以及瘦身减肥计划中最重要的一餐。调查显示，吃早餐的人比空腹的人减肥轻松。在我们熟睡的时候，体内代谢速度降低，当我们开始再进食时，代谢速度会随着恢复加快。因此，如果你错过早餐，你的身体只好等到午饭时才能开始燃烧热量，才能加快代

吃早餐

谢速度，这无疑对减肥大为不利。所以，聪明的方法是，清晨进食300～400卡路里的早餐，提前恢复新陈代谢的速度。早餐要摄取大量的高纤维碳水化合物。

4. 定时的饮食。当你在吃东西，身体消化系统在运作时，新陈代谢率都会增加喔！这个作用称为食物的热效应。所以，如果间隔太久没有进食，身体会启动自我保护机制，认为食物短缺而减缓了新陈代谢率，以减少热量的消耗。所以即使在减肥，最好也能定时用餐，才不会让代谢率越来越差喔！

5. 停止无效的节食，多摄取纤维素和蛋白质。别再盲目地节食了，否则你会发现身体越来越糟，体重却是一动也不动！因为当大脑接收到饥饿的信息后，为了维持正常身体机能，便会自动调节新陈代谢的速度，虽然吃得少，但消耗能力同时也变少了，这种方式当然行不通，只会造成身体的伤害。相反地，改变饮食内容，加强摄取纤维素与蛋白质，才是提升新陈代谢率的安全方式。

6. 泡泡热水澡。利用高温反复入浴的方式，促进血管收缩、扩张，并刺激汗腺发汗，每次泡澡3分钟，休息5分钟再入浴的泡澡方式，就能在不知不觉中消耗大量热能喔！效果相当于慢跑1000公里。不方便泡澡的人，也可以用热水泡脚来代替。不仅能使脚部微血管扩张，促进全身血液循环，还可增加细胞通透性，提高新陈代谢率喔！

7. 补充营养素。现代人因为饮食不均衡，都需要额外补充健康食品。想要提升代谢率，建议补充营养素如维生素、矿物质，特别是维生素C、B_2、B_3、B_5、B_6等。如果身体缺乏这些营养素，新陈代谢就会变得缓慢且没有效率。

8.保持良好的睡眠。睡眠不足会导致新陈代谢失调。在芝加哥大学所做的实验证明，每晚睡眠4小时或不足4小时的人群，在碳水化合物的处理上会相对困难一些。"当你筋疲力尽时，你体内既缺乏每日所需的维持正常呼吸、心跳等基本生理功能的能量，也缺乏燃烧卡路里所需的能量，此时你新陈代谢的速度会自动放慢。"

9.常喝绿茶。绿茶不但以其抗癌的益处为人们所共知，而且还具有提高新陈代谢的作用。凡是每日饮3次茶的人，其新陈代谢率会提高4%。也就是说，每日要多消耗60千卡热量，相当于每年减掉6磅体重。这可能是由于绿茶中含有能够提高去甲肾上腺素这种化学物质水平的成分，此物质对于加速新陈代谢具有重要作用。由此可以看出，喝茶不但能防治心脏病与癌症，而且对于减肥也是作用斐然。

第二章　生命的能量源泉

空中飞翔的飞机，路上奔驰的汽车，车间运作的机器，都需要消耗能量。同样，地球上的花草树木、飞禽走兽和我们肉眼看不见的微生物，它们的生长发育和繁殖后代，都需要消耗能量。然而同学们知道这些能量最终从哪里来吗？或许你会说我们人和动物的能量是从食物中来，对，这没错，但是食物中的能量又是从哪里来的呢？接下来，就让"牛牛"和大家一起来揭开这个谜团。

牛牛大讲堂

太阳能——生命的能量源泉

太阳能就是太阳光辐射出的能量。每天太阳从东边升起，阳光普照大地，源源不断地给地球输送太阳光能，给地球带来了光明、温暖和无限生机。

如果没有太阳光普照大地，也就是没有太阳能，那么地球上也许根本就不会有生物出现，因为地球上的生命

阳光普照大地

物质是从无生命物质演变而来的，这种演变需要适宜的温度。而没有太阳能，必然导致地球的温度非常低，从而不适合生物出现和生长。即使是从现在起没有了太阳能，地球上的生物也将面临灭顶之灾。温度将急剧降低，很多生物不堪低温侵袭而死去。植物将因为没有阳光而无法进行光合作用，导致大量死亡；再接着，直接或间接以植物为食物的动物们（包括我们人）也将陆续死去。在此期间，二氧化碳浓度进一步上升，氧气浓度持续下降，剩下的生物会死于猎杀或缺氧……

实际上一般来说太阳能是地球上一切生物生存所需能量的最终来源。绿色植物利用阳光进行光合作用，制造有机物，并将太阳能储存在有机物中。而动物是直接或间接以植物为食，其能量归根结底也是来自太阳能的。比如，直接以草为食的牛羊，其能量来自太阳能；狼吃兔子，兔子吃草，狼是间接以植物为食，但其能量归根结底也是来自太阳能；至于微生物依靠分解动物植物的残骸，依赖的也是太阳能。

由此可以看出，正是因为有太阳能的不断输送到地球，才有地球上各种各样丰富多彩的生物生生不息，太阳能是生命圣火的能量源泉。

我们都知道绿色植物能进行光合作用是利用太阳能，而我们人和动物却不能够直接利用太阳能合成所需的有机物。光合作用到底是怎么一回事呢？让我们一起来了解光合作用。

科学家怎么发现光合作用的

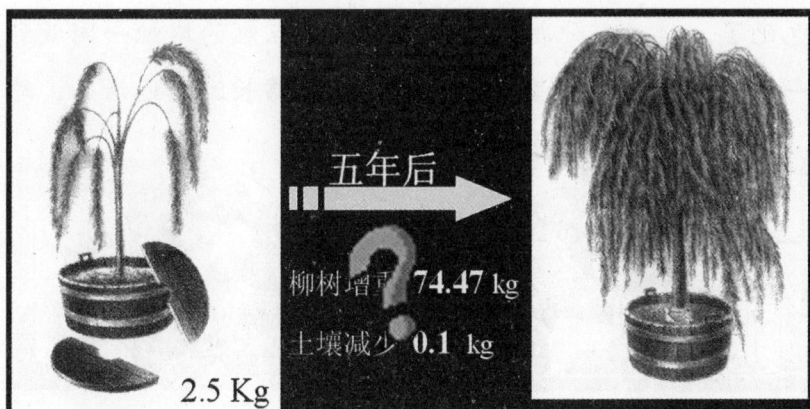

五年后

柳树增重 74.47 kg

土壤减少 0.1 kg

2.5 Kg

海尔蒙特的实验

37

首先让我们回眸历史来解开光合作用之谜。

公元前，古希腊哲学家亚里士多德认为：植物生长所需的物质全来源于土中。

1648年，比利时科学家海尔蒙特（Jan Baptist van Helmont）由于对亚里士多德观点的怀疑，做了类似范·埃尔蒙的实验：把一棵重2.5kg的柳树苗栽种到一个木桶里，木桶里盛有事先称过重量的土壤。以后，他每天只用纯净的雨水浇灌树苗。为防止灰尘落入，他还专门制作了桶盖。五年以后，柳树增重近80千克，而土壤却只减少了100g，海尔蒙特为此提出了建造植物体的原料是水分这一观点。但是当时他却没有考虑到空气的作用。

1771年，英国的普里斯特利（J. Priestley，1733-1804）发现植物可以恢复因蜡烛燃烧而变"坏"了的空气。他做了一个有名的实验，他把一支点燃的蜡烛和一只小白鼠分别放到密闭的玻璃罩里，蜡烛不久就熄灭了，小白鼠很快也死了。接着，他把一盆植物和一支点燃的蜡烛一同放到一个密闭的玻璃罩里，他发现植物能够长时间地活着，蜡

普里斯特利的实验

烛也没有熄灭。他又把一盆植物和一只小白鼠一同放到一个密闭的玻璃罩里。他发现植物和小白鼠都能够正常地活着，于是，他得出了结论：植物能够更新由于蜡烛燃烧或动物呼吸而变得污浊了的空气。但他并没有发现光的重要性。

1779年，荷兰的英格豪斯证明：植物体只有绿叶才可以更新空气，并且在阳光照射下才成功。

1785年，随着空气组成成分的发现，人们才明确绿叶在光下放出的气体是氧气，吸收的是二氧化碳。

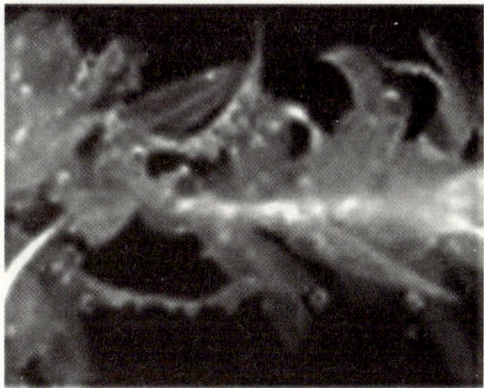

绿叶在阳光照射下

1804年，法国的索叙尔通过定量研究进一步证实：二氧化碳和水是植物生长的原料。

1845年，德国科学家梅耶（R. Mayer）根据能量转化与守恒定律明确指出，植物在进行光合作用时，把光能转换成化学能储存起来。但是贮存于什么物质中呢？也就是植物在吸收水分和二氧化碳、释放氧气的过程中，还产生了什么物质？

1864年，德国的萨克斯发现光合作用产生淀粉。他做

了一个试验：把绿色植物叶片放在暗处几个小时，目的是让叶片中的营养物质消耗掉，然后把这个叶片一半曝光，一半遮光。过一段时间后，用碘蒸汽处理发现遮光的部分没有发生颜色的变化，曝光的那一半叶片则呈深蓝色。这一实验成功的证明绿色叶片在光合作用中产生淀粉。

萨克斯实验

小知识链接
淀粉遇到碘单质会变成蓝色。

1880年，美国的恩格尔曼发现叶绿体是进行光合作用的场所，氧是由叶绿体释放出来的。他把载有水绵（水绵是多细胞低等绿色植物，其细而长的带状叶绿体是螺旋盘绕在细胞内）和好氧细菌的临时装片放在没有空气的暗环

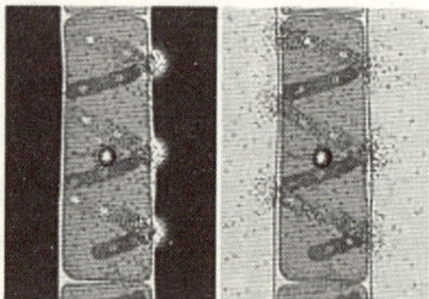

恩格尔曼的实验示意图

境里，然后用极细光束照射水绵通过显微镜观察发现，好氧细菌向叶绿体被光照的部位集中：如果上述临时装片完全暴露在光下，好氧细菌则分布在叶绿体所有受光部位的周围。恩格尔曼的实验证明了氧气是从叶绿体中释放出来的，叶绿体是绿色植物进行光合作用的场所。

光合作用的原料有水和二氧化碳，那么光合作用释放的氧气到底来自二氧化碳还是谁？人们曾一度认为这些氧气来自同是气体的二氧化碳。

1939年，美国科学家鲁宾（S. Ruben）和卡门（M. Kamen）采用同位素标记法研究了"光合作用中释放出的氧到底来自水，还是来自二氧化碳"这个问题。他们用氧的同位素^{18}O分别标记H_2O和CO_2，同时它们分别成为$H_2^{18}O$和$C^{18}O_2$，然后进行两组实验：第一组给植物提供H_2O和$C^{18}O_2$；第二组给植物提供$H_2^{18}O$和CO_2。其他条件都相同的情况下，结果第一组释放的氧气全部是O_2；第二组释放的全部是$^{18}O_2$。这一实验有力地证明光合作用释放的氧气来自水。

小知识链接

同位素：具有相同原子序数（即质子数相同，因而在元素周期表中的位置相同），但质量数不同，亦中子数不同的一组核素互为同位素。比如^{16}O和^{18}O互为同位素，^{12}C和^{14}C互为同位素。同位素可用于追踪物质的运行和变化规律。

20世纪40年代，美国科学家卡尔文（M. Calvin）用小球藻做实验：用 ^{14}C 标记的 CO_2（其中碳为 ^{14}C）供小球藻（一种单细胞的绿藻）进行光合作用，然后追踪检测其放射性，最终探明了二氧化碳中的碳在光合作用中转化成有机物中碳的途径，这一途径被称为卡尔文循环。

卡尔文

光合作用的实质

由以上光合作用反应过程不断被发现的过程，牛牛让大家知道，光合作用的场所是在植物的叶绿体。为何叶绿体中能进行光合作用呢？原来叶绿体含有能够催化光合作用的酶和能够吸收光能的色素。光合作用是一种生物化学反应，必然需要有相应的特定酶来催化，叶绿体中就含有这种特定的酶。线粒体中还有能够吸收利用光能的色素，包括两大类共四种。

归纳如下：

```
                    叶绿素          ┌── 叶绿素a（蓝绿色）
                  （含量约占3/4）    └── 叶绿素b（黄绿色）
    绿叶中的色素
                    类胡萝卜素        ┌── 胡萝卜素（橙黄色）
                  （含量约占1/4）    └── 叶黄素（黄色）
```

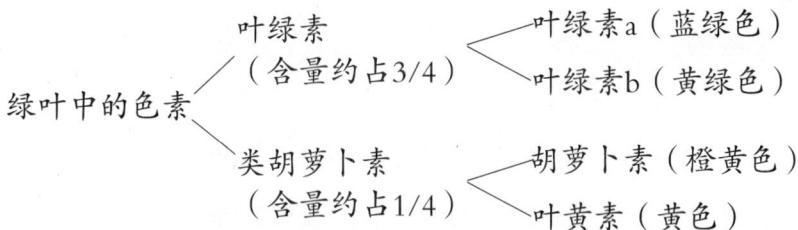

　　不同的色素能够吸收的光也有所不同，叶绿素a和叶绿素b主要吸收太阳光中蓝紫光和红光，胡萝卜素和叶黄素主要吸收蓝紫光。我们通常说绿色植物能进行光合作用，但并不是所有的部位都能进行光合作用，而是含有叶绿体的部位才能进行光合作用。一般的绿色叶片中含有较多的叶绿体，是光合作用的主要部位。又因为其中叶绿素含量占绝大多数（约占四分之三）且叶绿素对绿光吸收较少，绿光被反射出来，所以叶片呈现绿色。

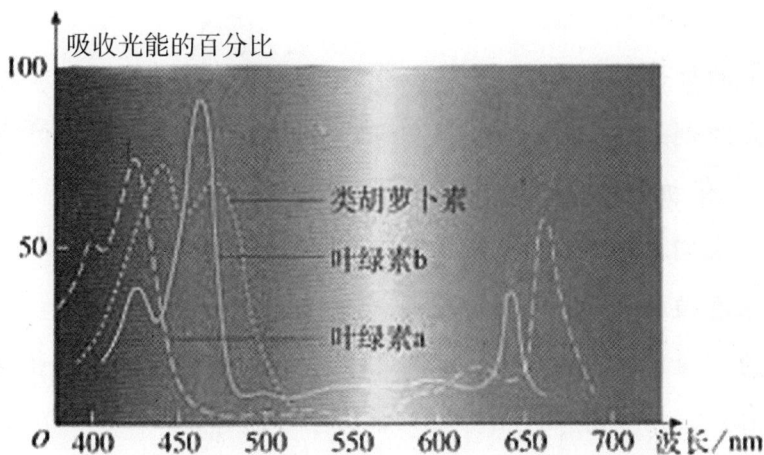

叶绿素和类胡萝卜素对各种颜色的吸收

从光合作用的发现史中我们可以归纳总结出光合作用的实质，那就是在阳光的作用下，在叶绿体中把经由气孔进入叶子内部的二氧化碳和由根部吸收的水转变成为淀粉同时释放氧气（物质方面变化）并把光能转变成有机物中稳定的化学能（能量方面的转化）。

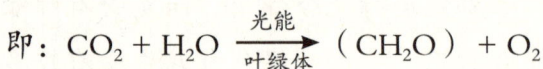

即：$CO_2 + H_2O \xrightarrow[\text{叶绿体}]{\text{光能}} (CH_2O) + O_2$

绿色植物通过光合作用制造有机物的数量是非常巨大的。据估计，地球上的绿色植物每年大约制造四五千亿吨有机物。因此，人们把地球上的绿色植物比作庞大的"绿色工厂"。光合作用维持大气中O_2和CO_2的相对平衡，光合作用释放出5.35×10^{12}吨氧气/年。

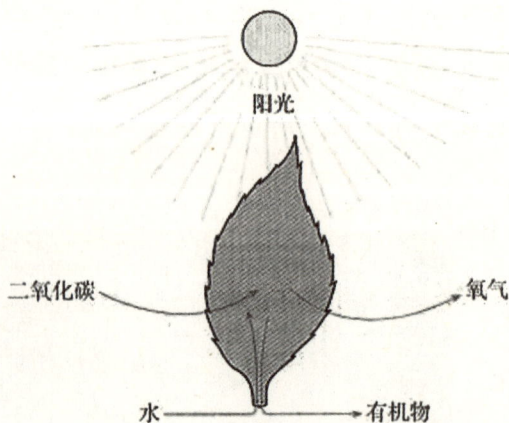

影响光合作用的外界因素及其生产实践运用

据粮农组织近日公布的数字，今年全球有9.25亿人生活在长期饥饿中，因此提高植物（农作物）的光合作用效率对于提高粮食产量具有非常重要的意义。

大量饥民

要提高粮食产量实际上就是要提高农作物的光合作用效率，那么我们首先得了解影响光合作用的外界因素，并应用于生产实践。

影响光合作用的外界主要有以下几个因素。

1. 光照、光质。

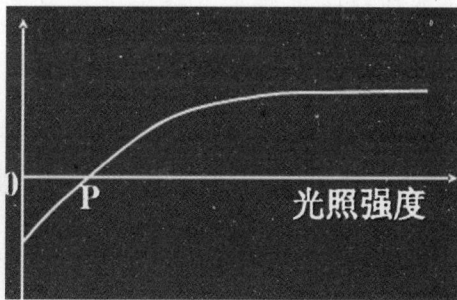

光照强度与光合速率

光合作用是需要光的，没有光就不能进行光合作用。一般的光合速率随着光照强度的增加而加快。但超过一定范围之后，光合速率的增加变慢，直到不再增加。在生产实践温室栽培中，通常通过延长光照时间和增加光照强度来提高光合作用。

光合作用主要吸收红光和蓝紫光，绿光吸收的最少。

因此要给大棚里农作物多提供红光和蓝紫光。所以你能看到有些温室大棚内悬挂发红色或蓝色光的灯管却看不到发绿色光的灯管。有些温室种植或蔬菜大棚用红色或蓝色的塑料薄膜代

蔬菜大棚内挂着红光灯

替普通的塑料薄膜，可使得红光和蓝光能透射进去，有利于光合作用。而不会用绿色的塑料薄膜，因为绿色的塑料薄膜只能透射绿色的光，而绿光吸收的很少，不利于光合作用。

温室或大棚内通常还通过人工额外补光，延长光照时间来让植物进行光合作用产生更多的有机物。

此外还要注意合理密植，如果一块田地中只种一株作物，那么就大大的浪费了光能，产量也远远不及一块田地都种满作物；如果种得太密了，作物的生长受

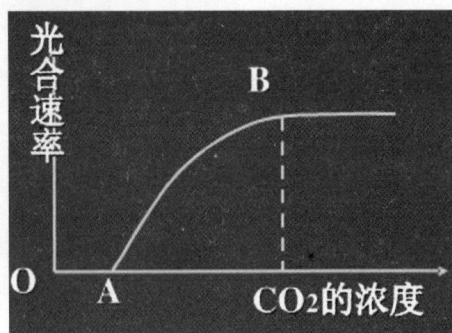

CO_2浓度与光合速率

到了影响，也将影响产量，所以要注意合理密植。

2. 二氧化碳。

CO_2是绿色植物光合作用的原料，它的浓度高低影响着光合作用在一定范围内提高CO_2的浓度来提高光合作用的速率，CO_2浓度达到一定值之后光合作用速率不再增加。

在生产实践中，通过提高二氧化碳的浓度来提高光合作用。打胎种植时，要求正其行，通其风增加大气环流，以增大二氧化碳的浓度。温室栽培时，除适时通风外，还可采用二氧化碳发生器来产生二氧化碳，或者使用农家肥，经土壤微生物分解后，既可以提供各种矿物质元素的同时，还能补充二氧化碳。

3. 温度。

温度主要影响酶的活性，进而影响光合作用酶的活性，同时影响光合速率。一般当温度低于最适温度时，光合速率表现出随温度上升而上升；当温高于光合作用的最适温度时，光合速率明显地

正其行，通其风

表现出随温度上升而下降，这是由于高温引起催化暗反应的有关酶钝化、变性甚至遭到破坏。此外，高温还会导致叶绿体结构发生变化和受损；在高温下，叶子的蒸腾速率增高，叶子失水严重，造成气孔关闭，使二氧化碳供应不足，这些因素的共同作用，必然导致光合速率急剧下降。

47

如果温度继续上升到一定程度时，叶片会因严重失水而萎蔫，甚至干枯死亡。

在生产实践中，大田种植应适时播种，使得作物在比较适合的温度生长，进行光合作用；在温室栽培时，冬天气温较低，可适当提高温度以利于植物光合作用。在温室中，白天应当适当提高温度，促进光合作用，晚上适当降低温室温度来降低细胞呼吸作用来减少有机物的分解消耗，从而增加有机物的积累。

4. 矿质元素。

矿质元素直接或间接影响光合作用。例如，N是构成叶绿素、酶等化合物的元素，Mg是构成叶绿素的元素等等。一般的，在一定范围内矿质元素越丰富光合速率越快，但是超过了一定量后光合速率不再增加，甚至可能会造成危害。

缺镁元素的萝卜

在生产实践中，要合理施肥可促进叶片面积增大，提高酶的合成速率，增加光合作用速率。施用有机肥，经过微生物分解后，既为植物补充二氧化碳，又为植物提供各种矿质元素。但是应该注意供应过量也可能会给农作物生长发育带来危害。比如氮肥施用过多，会使得枝叶生长过高过旺，从而导致农作物倒伏。

5. 水分。

水分对光合作用的影响有直接的也有间接的原因。直接的原因是水为光合作用的原料，没有水不能进行光合作用。但是用于光合作用的水不到蒸腾作用失水的1%，因此缺水影响光合作用主要是间接的原因。

水分亏缺降低光合的主要原因有：

（1）当水分亏缺时，从而引起叶片气孔关闭，进入叶片的 CO_2 减少，降低光合作用。

（2）严重缺水还会使叶绿体变形，片层结构破坏，这些不仅使光合速率下降，而且使光合能力不能恢复。

（3）在缺水条件下，生长受到抑制，叶面积扩展受到限制。有的叶面被盐结晶、绒毛或蜡质覆盖，这样虽然减少了水分的消耗，减少光抑制，但同时也因对光的吸收减少而使得光合速率降低。

水分过多也会影响光合作用。土壤水分太多，通气不良妨碍根系活动，从而间接影响光合；雨水淋在叶片上，一方面遮挡气孔，影响气体交换，另一方面使叶肉细胞处于低渗状态，这些都会使光合速率降低。

所以，在生产实践中，应当适时适量进行合理灌溉以有利于光合作用。

小小科学家

绿叶中色素的提取和分离

活动目标

1. 进行绿叶中色素的提取和分离的实验。

2. 探究绿叶中含有几种色素。

实验原理

1. 光合色素易溶于无水乙醇等有机溶剂中，可以用无水乙醇提取绿叶中的光合色素。

2. 光合色素可溶于层析液中，不同的光合色素在层析液中的溶解度不同。溶解度高的光合色素随层析液在滤纸上扩散得快，溶解度低的光合色素在滤纸上扩散得慢。这样，最终不同的光合色素会在扩散过程中分离开来。

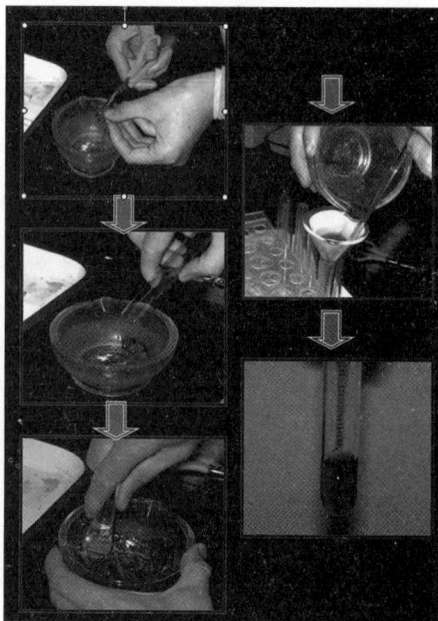

操作指南

1. 材料：新鲜的绿色叶片（如菠菜叶，南方学校也可尝试用朱槿叶）。

2. 用具：定性滤

纸，棉塞，试管，试管架，研钵，玻璃漏斗，尼龙布，毛细吸管，剪刀，药勺，天平，10ml量筒。

3.试剂及其他药品：无水乙醇，层析液，二氧化硅，碳酸钙。

4.操作要点。

（1）提取光合色素。用天平称取5g绿色叶片，剪碎，放入研钵中。向研钵中放入少量二氧化硅和碳酸钙，加入10ml无水乙醇，迅速、充分地研磨。在玻璃漏斗基部放一块单层尼龙布，将漏斗插入试管。将研磨液倒入漏斗，及时用棉塞塞严盛有滤液的试管。

（2）制备滤纸条。将干燥的定性滤纸剪成长与宽略小于试管长与宽的滤纸条，将滤纸条一端剪去两角，在此端距顶端1 cm处用铅笔画一条细横线。

（3）画滤液细线。用毛细吸管吸取少量滤液，沿

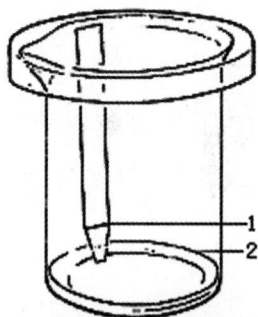

分离叶绿体中色素的实验装置
1.滤液细线　2.层析液液面

铅笔线均匀画细线。待滤液线干后，重复画线一两次。

（4）分离光合色素。将适量的层析液倒入试管，将滤纸条画线一端朝下，轻轻插入层析液中，迅速塞紧试管口。（注意：不要让层析液触及滤液线。）

（5）观察、记录。待层析液上缘扩散至接近滤纸条

顶端时，将滤纸条取出，风干。观察滤纸条上所出现的色素带及其颜色，并做好记录。

—— 胡萝卜素
—— 叶黄素
—— 叶绿素a
—— 叶绿素b

实验结果参考

5.需要注意的几个问题。

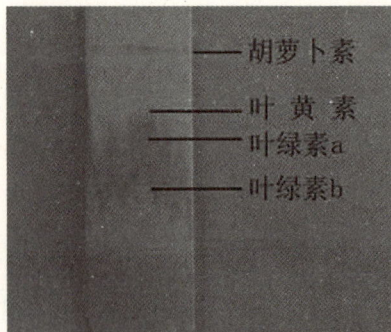

（1）应选择绿色较深、光合色素含量较高的植物叶片，如菠菜叶、朱槿叶等，作为实验材料，以便使滤液中色素浓度较高。

（2）画滤液细线时，要迅速，并要等滤液接近干时，再重复画线，以防滤液扩散开使滤液线过宽，影响分离效果。

（3）将滤纸条插入层析液中时，要避免滤液细线直接触及层析液。试管中的层析液高度不要接近或超过滤液细线所处的高度，可灵活把握层析液的用量。

牛牛趣味集

太阳光和颜色的秘密

有一天，小白兔在草坪上玩耍，老牛爷爷说："太阳光的颜色有很多学问。"小白兔心想："我一定要找到答案。"小白兔兴高采烈地跳到另一个草坪上。发现了蜗牛弟弟正在吃青草，小白兔急忙问道："蜗牛弟弟你知道太阳光是什么颜色？"蜗牛弟弟慢条斯理地说："太阳光把我们的草晒得绿油油的，所以太阳光是绿色的。"

小白兔蹦蹦跳跳来到果园里，看见红色的苹果姐姐在睡觉，它就问："苹果姐姐你知道太阳光是什么颜色？"苹果姐姐懒洋洋地说："太阳光把我们的脸蛋晒得红彤彤的，所以太阳光是红色。"

小白兔翻着跟头来到水田，问小青蛙："你知道太阳光是什么颜色？"小青蛙说："太阳光照在稻子上，稻子金灿灿的，所以太阳光是黄色。"

……

有一天，乌云密布，刮了一阵巨大的龙卷风，然后下了一场倾盆大雨。雨过天晴，出现了五颜六色的彩虹姐姐。

小白兔自言自语地说："对！我问彩虹姐姐。"小白兔跑到屋外大声问彩虹姐姐："太阳究竟有几种颜色？"彩虹姐姐笑眯眯地说："你先数数我身上的颜色吧！"小白兔认认真真地数起来："红、橙、黄、绿、青、蓝、紫。"

小白兔恍然大悟地说："我明白了，原来太阳光是由七种颜色组成的。"

美丽的彩虹

也许同学们会认为太阳光是白色的，其实不是，太阳光通过三棱镜后可分解为红、橙、黄、

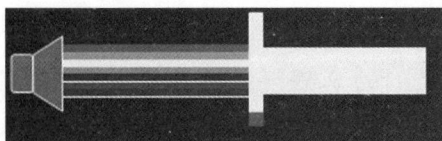

阳光普照大地

绿、青、蓝、紫七种颜色的光，太阳光的白色就是这七种颜色的光组合在一起所表现出来的颜色。同学们都见过雨后彩虹，但是知道它是怎样形成的吗？其实彩虹是这样形成的：雨后空气中有大量的小水珠，小水珠相当于三棱镜，是小水珠把太阳光分解成红、橙、黄、绿、青、蓝、紫，才形成了彩虹。

我们可以做个实验，在一个房间里放上各种各样的花，当太阳光照进来时，我们会感到满眼五彩斑斓。然

反射绿色光吸收了其他色光

反射绿光看到绿色

后，我们拉下窗帘，房间里立刻漆黑。此时，当我们打开红灯时，我们只会看到红花，因为只有红花反射红光，其他颜色的花都将红光吸收了。同样，打开黄灯时，我们只会看到黄花……做完这个实验，我们就会得出这样一个结论，只有集各种单色光于一体的太阳光照射时，我们才会感受绚丽，才会看到全部。

自然界中物体的颜色千变万化，人看见的物体的颜色由什么决定呢？其实这也与光有关。透明物体的颜色是由

透过它的色光决定的，比如红色的玻璃是因为可以通过红色的光，然后射入人眼。

不发光物体的颜色只有受到光线的照射时才被呈现出来，物体的颜色是由光线在物体上被反射和吸收的情况决定的。不透明物体的颜色由它反射的色光决定。

绿叶在日光下呈现绿色，是由于绿叶主要将日光中的绿色范围的波长反射出来，而其他颜色的光则被它吸收。如果在钠光灯下观察这个物体就看不出是绿色，因为钠光的光线中没有绿光的成分可以被它反射。红苹果呈现红色，是因为日光照射到苹果上，红色的光被反射进人眼，而其他颜色的光被吸收。一个物体如果完全反射来的光线，那么这个物体我们看来是白色的，如果它完全吸收投射在它上面的光线，则这个物体看来是黑色的。

阴生植物和阳生植物

阴生植物是在较弱的光照条件下生长良好的植物，在强光下生长受阻甚至死亡。但并不是阴生植物对光照强度的要求越弱越好，而是必须至少达到某一值使得阴生植物光合作用大于其呼吸作用，这样植物才能生长。阴生植物多生长在潮湿背阴的地方，或者生于密林内，如树下草本植物山酢浆草、连线草、观音坐莲等；木本植物如铁杉、红豆杉、紫果云杉、柔毛冷杉等都极耐阴；药用植物如人参、三七、半夏、细辛等均属阴生植物。

阳生植物在强光环境中生长发育健壮，在荫蔽和弱光条件下生长成发育不良的植物。这类植物要求全日照，并且在水分、温度等条件适合的情况下，不存在光照过强的问题，一般光合作用较强。阳生植物多生长在旷野、路边，

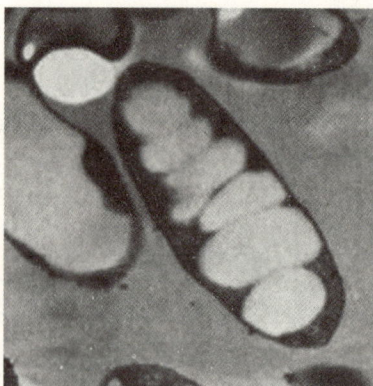

光合细菌

如蒲公英、蓟、刺苋等。木本的松、杉、麻栎、栓皮栎、柳、杨、桦、槐等都是阳生种类。药材中的甘草、黄芪、白术、芍药等也属于这一类。草原和沙漠植物以及先叶开花植物和一般的农作物也都是阳生植物。

光合细菌——能进行光合作用的细菌

光合细菌是属于细菌，是一种能进行光合作用的细菌。但是与植物的光合作用有所不同。光合细菌在有光照缺氧的环境中能进行光合作用，利用光能同化二氧化碳，与绿色植物不同的是，与二氧化碳反应的不是水，而是H_2S（或一些有机物）。它们的光合作用是不产氧的，而是产生了H_2，光合细菌广泛分布于沼泽、池塘、湖泊、河流、水沟、海洋及土壤中。

光合细菌的菌体无毒，营养丰富，蛋白质含量高达65%，而且氨基酸组成齐全，含有机体需要的8种必需氨基

酸，各种氨基酸的比例也比较合理。光合细菌还含有丰富的B族维生素，尤其是B_{12}、叶酸、生物素的含量相当高，是啤酒酵母和小球藻的20到60多倍。光合细菌菌体内含有较高浓度的类胡萝卜素，而且种类繁多，迄今已从光合细菌中分离出80种以上的类胡萝卜素。除此之外，光合细菌内还含有碳素储存物质——糖原和聚β-羟基丁酸、辅酶Q、抗病毒物质、生长促进因子，具有很高的营养价值。

光合细菌主要用于海水养殖、淡水养殖以及家禽、蛋禽饲养，农作物抗病增产等。其中主要以水产养殖的效果尤为突出，是一种无公害、生态绿色产品，近年来得到了国家科委和农业部的重视。

1. 净化水质。由于高密度水产养殖的水体中含有大量的鱼类粪便和残饵，以及鱼药的残留物，它们腐败后产生的氨态氮、硫化氢和一些有害物质，直接污染水体和底泥。轻度污染可造成鱼类生活不适，饵料系数增高，生长缓慢；积累到一定程度后，可使水体底部缺氧。光合细菌能有效地将氨态氮、硫化氢等有害物质吸收，组成菌体本身，同时，形成优势群落后，鱼类中毒和死亡的现象减少。水体的富营养化亦可滋生大量的病原微生物，使鱼类感染发病。施用光合细菌后，在还能抑制其他病原菌的生长，从而达到净化水质，使鱼类健康生长的目的。

2. 作为饲料添加剂光合细菌的菌体细胞营养丰富，并含有大量的生理活性物质，可直接拌入饲料中投喂。除增

加营养，降低饲料系数外，还可起到刺激动物免疫系统，增强消化和抗病能力，促进生长的作用。

3. 光合细菌在水产中的作用。光合细菌是有益细菌，具有促进动物消化吸收，刺激生长发育，提高免疫功能，抑制各种病菌浸入的作用。光合细菌对改善水质有奇效，将光合细菌撒入污染严重的池塘中，一般在3小时后，水质开始转清，第二天去看，与周围没撒光合细菌的池塘相比，水质有天壤之别。若鱼病很严重，每天均有死鱼浮面的话，用了光合细菌后，第二天去看，浮面的死鱼显著减少。用光合细菌，还可有效地帮助鱼虾安全越冬，冬季不但不减产，反而有增产。用了光合细菌的水产品，颜色鲜艳，个体整齐，鱼肉鲜嫩！用光合细菌稀释10倍后，对鱼虾进行药浴，可使鱼虾成活率达到90%以上，发粘细菌病、烂鳃病、打印病成活率达 60~100%，水霉病、赤鳍病、擦伤病成活率近100%，与其他化学药物相比，更加安全可靠，无任何副作用。用了光合细菌一般亩产提高15～23%，饲料系数下降18～23%，成活率提高20～60%，个体增重15%，投入产出比达1：10以上。每亩增效益达800元以上。

4. 在肉禽蛋禽中的应用。在禽类的饮水中加入光合细菌2%。对蛋禽而言，可降低死亡率12～32%，提高增重率20%左右，同时提高了抗病力、免疫力。提高产蛋率4～15%，降低碎壳蛋的数量5～15%，提高蛋品哈氏单位3%，达到82.22以上，提高蛋黄色度8%；对肉鸡，可提高增重12.3%，提高饲料报酬25%，成活率提高5%，经济效益对比提高50%。同时，可显著降低肉蛋产品中的兽药残留，改善品质，避免出口的绿色检疫关贸壁垒。

5.在农作物生产中的应用。施用光合细菌的农作物土壤中，比施用无机氮肥，更明显地促进土壤细菌、放线菌的增殖，其次促进真菌、固氮菌及光合菌的增殖，从而增加了土壤肥力，更有效地分解和利用土壤有机质，加强土壤中有机质和氮素转化，提高供氮磷能力。

光合细菌对农作物有提高作物抗病毒能力，每亩喷施光合细菌1.5公斤（间隔20天），可增产10%以上。

生物吉尼斯

浮游植物——氧气的主要制造者

在海洋中，浮游植物的种类组成比较单纯，仅包括细菌和单细胞藻类。海洋中的藻类主要是硅藻、绿藻、蓝藻等，其中硅藻所占的比例最大。单细胞藻类大

海上浮游植物

小一般在数十至数百微米，需用显微镜才能观察到。

　　浮游植物中的藻类都含有陆生植物那样的叶绿素，能吸收太阳光能进行二氧化碳的合成作用，即光合作用，把无机物合成为复杂的有机物，获得营养以构造自身。上述过程中叶绿素起着光化敏化剂的作用，光合作用的第一产物是碳水化合物即糖类，同时产生氧气（O_2），释放于海水中，成为溶解氧，是动物所需的大部分氧气的来源。由于海洋浮游植物蕴藏量巨大，所以地球大气层的氧气主要是由海洋浮游植物产生的。光合作用是能量累积的过程，每一克分子被还原的二氧化碳，最少积累112千卡能量，相当于波长400～700毫米之间的光线被光合作用吸收时获得的能量。

　　光合作用只有含叶绿素的绿色植物才能进行。海洋绿色植物除了沿岸浅海地带的高等藻类外，在广阔的海洋中，生活着无数的能够自行合成有机物的藻类，它们是海洋生物最基础的生产力。尤其是硅藻，它占海洋生物总生产力的90％。因此，浮游硅藻产量的高低，决定了海水水域生产力的大小，与水产品生产量紧密相关。

　　这里有必要谈谈硅藻的特征。硅藻是一种微小的单细胞藻类植物，在海洋中单独或以许多个体连成各种各样的群体，过着浮游、底栖和附着生活。其中浮游生活的硅藻数量最大，具有重要的经济意义。硅藻个体在显微镜下观察像小盒子，盒由上下两壳相套而成；上壳大，下壳小，壳顶和壳底都称为壳面。壳边称为相连带，上下相连带总称为壳环或壳环带，此面也称作壳环面。我们知道，植物细胞都有细胞壁。硅藻的细胞壁由果胶质和硅质构成，壁外有刺毛和突起，有时还有膜状或胶质突出物，这些突出物使整个细胞的表面积扩大，增加了在水中的浮力和相互连接的作用。

硅藻细胞的内含物和普通植物细胞相似，细胞核位于细胞中央，除细胞质外还有叶绿素、叶黄素、胡萝卜素、硅藻素等色素体组成，细胞原生质中还有光合作用的产物脂肪和油粒。

硅藻的种类非常之多，我国沿海常见的种类有舟形藻、羽纹藻、菱形藻、箱形藻、圆筛藻、角刺藻、星杆藻、根管藻、骨条藻等等，难怪有人称此类海洋浮游植物为"海洋的草原"。

我们往往把大鱼吃小鱼，小鱼吃虾米，虾米吃"泥巴"的现象叫作"食物链"。硅藻是食物链中的第一个环节，它们是海洋动物直接或间接的饵料来源。例如，硅藻是磷虾的饵料，而磷虾是太平洋鲱鱼和长须鲸的饵料；脆杆藻是一种沙丁鱼的饵料，而沙丁鱼又是鲨鱼或其他凶猛鱼类的饵料。可见，食物链中都是由植物作为第一个环节的，植物是生命存在的基础。

牛牛问与答

为何晚上室内不宜放植物？

有些养花的人喜欢把花卉搬进室内，殊不知这样做会有害健康。绿色植物只有在白天光照充足时才能进行光合作用，吸收二氧化碳释放出氧气，使人感到空气清新。但放置室内的花卉到晚间光照不足或熄灯无光照时就进入呼吸阶段，吸收氧气而释放出二氧化碳，会与人争夺氧气。氧气减少会使人感到气闷，降低睡眠质量。另外，还应特别注意下列花卉，它们可释放出有害的气味，影响人体健康。含羞草、郁金香植株内含有一种有害的碱类成分，人接触过多会引起眉毛稀疏、头发变黄，严重者可头发掉落，还会出现头晕脑涨的症状。一品红、虞美人毒性很强。人误食虞美人会引起中枢神经系统紊乱，严重者可危及生命。一品红茎、叶中的白色乳汁能引起人体皮肤红肿，如误食茎、叶，有中毒甚至死亡的危险。水仙花的鳞茎中含有挤丁可毒素，误食后会引起肠炎等疾病，其叶和花还会使皮肤红肿。南天竹含天竹碱、天竹苷等有毒成分，误食可引起人全身抽搐、痉挛、昏迷等。月季花、兰花、百合花它们释放出来的香味太浓烈，个别人闻后会感到胸闷不适、呼吸困难，有人闻后还会因过度兴奋而失眠。夜来香在晚间能大量散发出强烈的具有刺激性的臭味，会使高血压和心脏病患者感到头晕目眩、胸闷等。

为何海洋藻类垂直分布？

值得注意的是海洋中的藻类植物，习惯上依其颜色分为绿藻、褐藻和红藻，它们在海水中的垂直分布依次是浅、中、深，这是有原因的。

不同颜色的藻类吸收不同波长的光。藻类本身的颜色是反射出来的光，即红藻反射出了红光，绿藻反射出绿光，褐藻反射出黄色的光。水层对光波中的红、橙部分吸收显著，多于对蓝、绿部分的吸收。到达深水层的光线是相对富含短波长的光，所以吸收红光和蓝紫光较多的绿藻分布于海水的浅层，吸收蓝紫光和绿光较多的红藻分布于海水深的地方。

为何秋天到了树叶黄了？

树叶之所以是绿色是因为叶子中有叶绿素。可树叶中除了有绿色素外，还有红色素、黄色素等许多色素，只是数量很少而已。到了秋天，绿色素慢慢褪去，红色素、黄色素便露了出来，使树林变得一片金黄或一片火红，十分好看。

秋天到了，山野间的树叶转眼变成很美丽的颜色，这又是为什么呢？

原来在夏天时，树叶工作得很努力，可是，天气转凉后，它就停止了工作。树叶所制造的营养也就不能送到树枝和树干上，而沉淀在叶子里。树叶的叶绿素也会遭破

坏，就和留在叶子里的养分及其他色素混合，这样就变成各种美丽的颜色了。

秋天的绿叶为什么会变色？

所有的树叶中都含有绿色的叶绿素，树木利用叶绿素

金秋的树叶

捕获光能并且在叶子中其他物质的帮助下把光能以糖等化学物质的形式存储起来。除叶绿素外，很多树叶中还含有黄色、橙色以及红色等其他一些颜色的色素。虽然这些色素不能像叶绿素一样进行光合作用，但是其中有一些能够把捕获的光能传递给叶绿素。在春天和夏天，叶绿素在叶子中的含量比其他色素要丰富得多，所以叶子呈现出叶绿素的绿色，而看不出其他色素的颜色。

当秋天到来时，白天缩短而夜晚延长，这使树木开始落叶。在落叶之前，树木不再像春天和夏天那样制造大量的叶绿素，并且已有的色素，比如叶绿素，也会逐渐分解。这样，随着叶绿素含量的逐渐减少，其他色素的颜色就会在叶面上渐渐显现出来，于是树叶就呈现出黄、红等颜色。

第三章 能量的"通货"和 呼吸作用

同学们都已经知道，糖类、脂肪和蛋白质中存储了大量的能量，你们一定理所当然地认为它们为生物的生命活动直接提供能量。但是实际上不是的，而是另有其"物"。这就好比果农收获了水果，果农不是直接用水果去换取自己需要的东西，而是把水果卖了换成钱，再直接用钱去买东西。你想知道生物体内这种直接提供能量的物质是到底是什么东西吗？好吧，就让"牛牛"来告诉大家吧。

牛牛大讲堂

生命活动的能量直接来源

常言道"人是铁，饭是钢，一顿不吃饿得慌"。这句话是想强调摄取食物的重要性，为何食物如此重要呢？我

们吃进去的食物，经过消化吸收后转化形成我们自身的有机物质（糖类、脂类、蛋白质、核酸等）。一方面，这些有机物构成我们的身体，使我们生长发育；另一方面，我们都知道我们体内的糖类、脂类、蛋白质等储存有机物大量的能量。但是他们不能直接为生命活动提供能量，要先氧化分解，把其

人是铁饭是钢

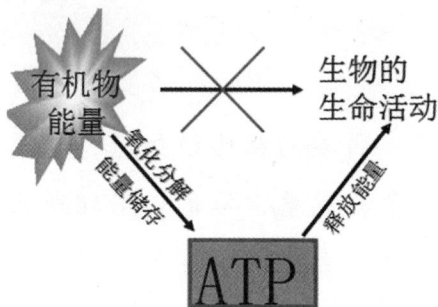

ATP是生命活动所需能量的**直接**来源

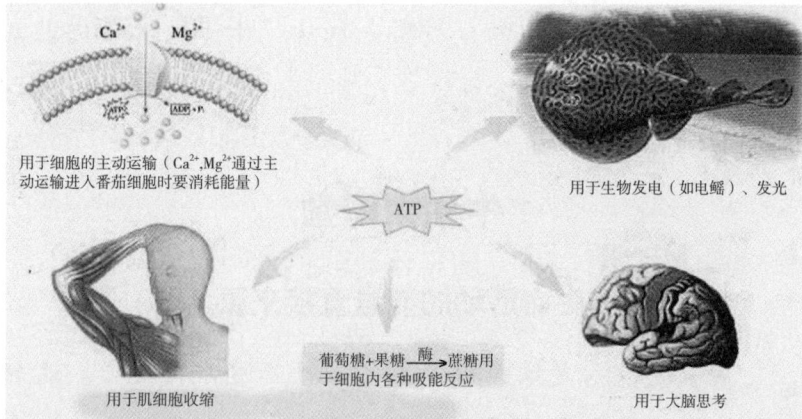

中的能量释放出来，除了一部分转化为热能外，其余的贮

用于细胞的主动运输（Ca^{2+},Mg^{2+}通过主动运输进入番茄细胞时要消耗能量）

用于生物发电（如电鳗）、发光

ATP

用于肌细胞收缩

葡萄糖+果糖 —酶→ 蔗糖用于细胞内各种吸能反应

用于大脑思考

ATP的利用举例

存在ATP中，然后由ATP分解释放出能量直接供生物的各项生命活动。也就是说直接给我们各项生命活动提供能量的是ATP。其实，对于其他生物，ATP也是其生命活动所需能量的直接来源。这ATP就好比是钱（货币），农民收获了粮食，得先把粮食卖了换成钱，然后用钱去买需要的各种各样的东西。

实际上，生物绝大多数的生命活动所需能量都是由ATP直接提供的。比如我们运动、思考、学习、睡觉、萤火虫发光等都需要能量，而ATP是直接为这些生命活动提供能量的物质。

能量的通货——ATP

ATP究竟是什么东西呢，为何能为生命活动提供能量呢？

ATP中文名为三磷酸腺苷。结构简式A–P~P~P，"~"表示"高能磷

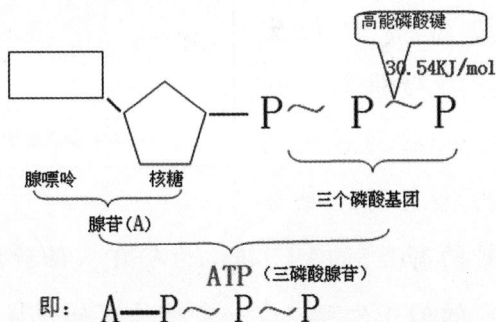

高能磷酸键
30.54KJ/mol

腺嘌呤　核糖

腺苷(A)

三个磷酸基团

ATP（三磷酸腺苷）

即：A—P~P~P

A: 腺苷　T: 三个　P: 磷酸基团　—: 普通化学键~: 高能磷酸键

酸键"；"–"表示低能键；P表示磷酸；A表示腺苷（腺嘌呤+核糖）。当生物体需要能量时，ATP在有关酶的催化下，远离A的那个高能磷酸键很容易发生水解，于是远离A的那个P就脱离开来，形成游离的磷酸（Pi）同时，释放出

大量的能量来提供给生命活动，ATP就转化成ADP。ADP中文名为二磷酸腺苷，结构简式为A−P～P。ADP在有关酶的催化作用下，能接受能量，同时与游离的磷酸（Pi）结合重新形成ATP。

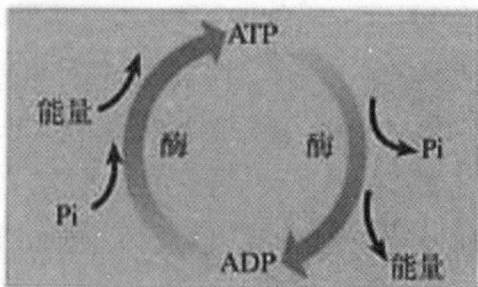

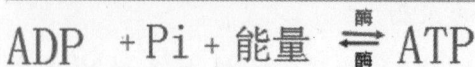

$$ADP + Pi + 能量 \underset{酶}{\overset{酶}{\rightleftharpoons}} ATP$$

对细胞的正常生活来说，ATP与ADP的这种相互转化，是时刻不停的发生并且处于动态平衡之中的。据推算，一个人在剧烈运动的状态下，每分

ATP是能量的"通货"

钟约有0.5的ATP转化为ADP，释放能量，供运动之需。生成的ADP又可以在一定条件下转化成ATP。ATP在生物体内是不断合成和分解的，循环流通，这就好比我们的钱（货币）一样，不断地花掉，又不断地挣入，在市场上不断地循环流通。

所以我们形象地把ATP比喻成生物体流通的能量"通货"。

ATP合成所需能量的来源

ADP转化成ATP的过程需要能量，这些能量又从哪里来呢？对于人、动物、真菌和大多数细菌来说，均来自细胞

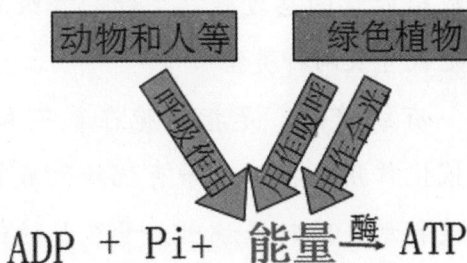

ADP转化成ATP时的能量的主要来源

进行呼吸作用时有机物分解所释放的能量；对于绿色植物来说，除了来自呼吸作用所释放的能量外，在叶绿体中进行光合能够时，还可以利用光能，把ADP转化为ATP。

但是在叶绿体中利用光能，把ADP转化成的ATP只能为光合作用提供能量，并把ATP中的能量贮存在光合作用产生的有机物中。而通过呼吸作用形成的ATP可

ATP的形成

以直接为各项生命活动提供能量。

呼吸作用

呼吸作用又叫细胞呼吸，生物体内的有机物在细胞内

经过一系列的氧化分解，生成二氧化碳或其他产物，并且释放出能量的总过程，生物的呼吸作用又可分为有氧呼吸和无氧呼吸两种类型。

有氧呼吸，是指细胞在氧气和水的参与下，通过酶的催化作用，把糖类等有机物彻底氧化分解，产生出二氧化碳和水，同时释放出大量能量的过程。一般说来，葡萄糖是细胞进行有氧呼吸时最常利用的有机物。总反应方程式：$C_6H_{12}O_6+6H_2O+6O_2 \xrightarrow{\text{酶}} 6CO_2+12H_2O+$能量

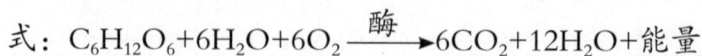

在生物体内，糖类等有机物分解释放出的能量，一部分储存在ATP中，其余的能量都以热能的形式散失。例如1mol的葡萄糖在彻底氧化分解以后，共释放出2870kJ的能量，其中有977kJ左右的能

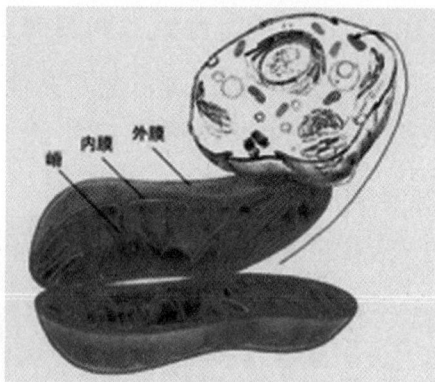

线粒体的结构示意图

量储存在ATP中（38个ATP），其余的能量都以热能的形式散失了。

细胞进行有氧呼吸的主要场所是线粒体。线粒体具有外膜、内膜两层膜，内膜的某些部位向线粒体内部折叠形成嵴。嵴的周围充满了液态的基质，线粒体的内膜上和基质中都含有许多与有氧呼吸有关的酶。

有氧呼吸是高等动物和植物进行呼吸作用的主要形

式，因此，通常所说的呼吸作用就是指有氧呼吸。

$$C_6H_{12}O_6 \xrightarrow{\text{酶}} 2C_2H_5OH \text{（酒精）} + 2CO_2 + \text{少量能量}$$

大多数的植物和酵母菌的无氧呼吸

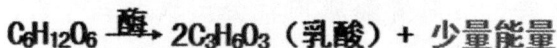

$$C_6H_{12}O_6 \xrightarrow{\text{酶}} 2C_3H_6O_3 \text{（乳酸）} + \text{少量能量}$$

动物的骨骼肌的肌细胞及马铃薯块茎、甜菜块根、苹果果实等器官的细胞和乳酸菌的无氧呼吸

科学家通过研究发现，生物体内的细胞在无氧条件下能够进行另一类型的呼吸作用——无氧呼吸。

无氧呼吸一般是指细胞在无氧条件下，通过酶的催化作用，把葡萄糖等有机物质分解成为不彻底的氧化产物（酒精或乳酸），同时释放出少量能量的过程。无氧呼吸最常利用的物质也是葡萄糖。

大多数的植物在和酵母菌缺氧或无氧的条件下，进行无氧呼吸，将葡萄糖分解为酒精和二氧化碳，同时释放出少量的能量。比如高等植物在水淹的情况下，可以进行短时间的无氧呼吸，将葡萄糖分解为酒精和二氧化碳，并且释放出少量的能量，以适应缺氧的环境条件，暂时维持其生命活动。但是长时间的无氧呼吸，产生过多的酒精会对植物产生毒害作用，同时无氧呼吸释放能量少，无法维持植物的正常生命活动。

此外乳酸菌和动物的骨骼肌的肌细胞及马铃薯块茎、甜菜块根、苹果果实等器官的细胞在缺氧的条件下也能进行无氧呼吸，将葡萄糖分解乳酸，同时释放出少量的能

量。例如，高等动物和人体在剧烈运动时，尽管呼吸运动和血液循环都大大加强了，但是仍然不能满足骨骼肌对氧的需要，这时骨骼肌内就会出现无氧呼吸，产生乳酸，会引起肌肉酸痛。

乳酸菌、酵母菌等微生物的无氧呼吸也叫发酵。其中产生酒精的叫酒精发酵，产生乳酸的叫乳酸发酵。

在无氧呼吸中，葡萄糖氧化分解时所释放出的能量，比有氧呼吸释放出的要少得多。例如，1mol的葡萄糖在无氧呼吸，共放出196.65kJ的能量，其中有61.08kJ的能量储存在ATP中（2个ATP），其余的能量都以热能的形式散失了。

由此，我们可以知道，无论是有氧呼吸还是无氧呼吸都能释放出能量并形成ATP直接为生命活动提供能量，不同的是有氧呼吸释放出的能量多，形成的ATP多得多（1mol的葡萄糖有氧呼吸形成38个ATP，而无氧呼吸形成2个ATP）。试想，如果我们人只能无氧呼吸，那么我们人还能成为最高等的动物吗？还能是万物之灵吗？

影响呼吸作用的外界因素及其应用

1. 温度。

呼吸作用是需要一系列酶的，酶的活性是受温度的影响。温度必定影响呼吸作用，其影响作用如右图。

贮存水果蔬菜时，适当降低温度能延长保存时间。

在温室大棚中，夜晚适当降低温度，可以减少呼吸作用对有机物的消耗。这样就有利于有机物的积累如右图。

2. CO_2。

CO_2是呼吸作用的产物，对细胞呼吸有抑制作用，实验证明，在CO_2升高到1%~10%时，呼吸作用明显受到抑制。

我们睡觉时不要蒙着被子，否则会因CO_2浓度升高而影响我们的有氧呼吸，进而影响我们的睡眠质量。

农村广泛采用密闭的土窖保存蔬菜和水果，就是利用蔬菜和水果自身产生的二氧化碳抑制细胞呼吸的原理。

3. O_2。

氧气是有氧呼吸的原料，氧气的含量对有氧呼吸影响很大。

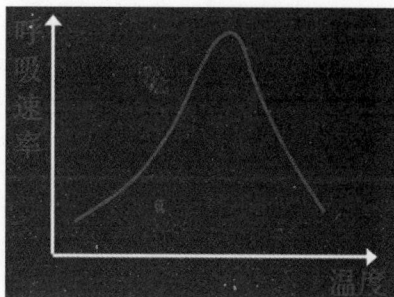
温度对呼吸作用的影响

温室大棚夜晚适当降温减弱呼吸作用

蔬菜水果低温保存

花盆里的土壤板结后，空气不足，会影响根系生长，需要及时松土透气

犁田犁地为透气

　　农民种植前犁田（地）的目的给土壤松土透气，可以使植物的根细胞进行充分的有氧呼吸，从而有利于根系的生长和对无机盐的吸收。此外，松土透气还有利于土壤中好氧微生物的生长繁殖，这能够促使这些微生物对土壤中有机物的分解，从而有利于植物对无机盐的吸收。我们种植在花盆里的植物，也要给它松土，以免由于土壤板结后空气不足影响植物生长。

　　水中溶解的氧气很少而水稻根系却适合在水中生长，这主要是因为水稻的茎和叶能够把从外界吸收来的氧气

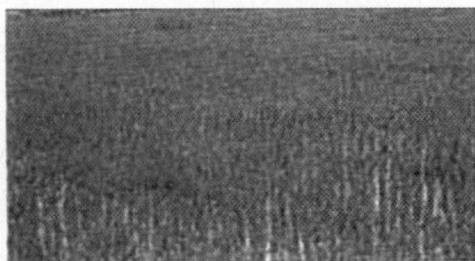

通过气腔运送到根部各细胞，与旱生植物相比，水稻的根也比较适应无氧呼吸。但是，水稻根的细胞仍然需要进行有氧呼吸，所以稻田需要定期排水。如果稻田中的氧气不

足，水稻根的细胞就会进行酒精发酵，时间长了，酒精就会对根细胞产生毒害作用，使根系变黑、腐烂。

4. 水分。

在一定范围内，细胞含水量高，代谢增

晒干谷子减呼吸

强，细胞呼吸强度随含水量的增加而加强，随含水量的减少而减弱。

稻谷等种子在贮藏前要晾晒，甚至风干，减少水分，降低呼吸作用消耗有机物。此外，还要适时翻仓与曝晒。

小小科学家

生命活动的直接能源物质

活动目标

证明ATP是直接能源物质，而葡萄糖不是。

实验原理

萤火虫发光的原理见后面"萤火虫发光之谜"。

器材试剂

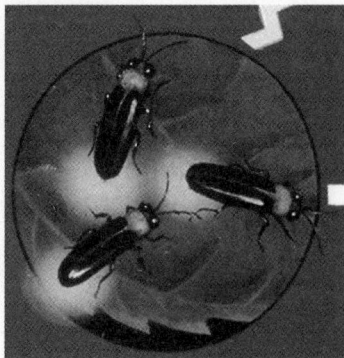
萤火虫发光

75

试管、活萤火虫（摘下其尾部发光器备用）、ATP制剂、0.1%葡萄糖溶液、生理盐水、蒸馏水。

实验步骤

试管	步骤（1）	步骤（2）	现象	结论
A	捣碎的发光器、生理盐水（等量）	发光器熄灭时立即加入5ml ATP制剂	恢复发光	ATP是生物的直接能量物质而不是葡萄糖
B	捣碎的发光器、生理盐水（等量）	发光器熄灭时立即加5ml葡萄糖溶液	不再发光	

探究酵母菌细胞呼吸的方式

活动目标

进行酵母菌细胞呼吸方式的探究，分析酵母菌在有氧条件下和无氧条件下酵母菌细胞呼吸的情况。

1. 相关知识。

（1）活细胞都要进行细胞呼吸。细胞通过细胞呼吸获得生命活动所需的能量和中间产物。细胞呼吸分成两种类型，即有氧呼吸和无氧呼吸。

（2）重铬酸钾可以检测酒精的存在。这一原理可以用来检测司机是否喝了酒，具体做法是：让司机呼出的气体直接接触到载有用硫酸处理过的重铬酸钾或三氧化铬的硅胶（二者均为橙色），如果呼出的气体中含有酒精，重铬酸钾或三氧化铬就会变成灰绿色的硫酸铬。

2. 实验原理。

（1）在有氧条件下，酵母菌进行有氧呼吸，可以将葡萄糖氧化分解形成二氧化碳和水，并释放能量。在无氧条件下，酵母菌进行无氧呼吸，能将葡萄糖转变成酒精和二氧化碳。

酵母菌有氧呼吸：

$$C_6H_{12}O_6+6O_2+6H_2O \xrightarrow{\text{酶}} 6CO_2+12H_2O+能量$$

酵母菌无氧呼吸：

$$C_6H12O_6 \xrightarrow{\text{酶}} 2C_2H_5OH+2CO_2+能量$$

（2）检验酵母菌有氧呼吸和无氧呼吸产生的CO_2的量的多少。将酵母菌两种呼吸方式产生的气体分别通入澄清的石灰水，根据产生的碳酸钙沉淀的多少，即可判断两种方式产生的CO_2的量的多少，辨别酵母菌的呼吸类型。反应式为：$CO_2+Ca（OH）_2 \rightarrow CaCO_3+H_2O$

有条件的地区可考虑用$Ba（OH）_2$代替$Ca（OH）_2$，现象将更明显。

（3）检验酵母菌无氧呼吸产生酒精。酵母菌无氧呼吸产生的酒精，在酸性条件下很容易与重铬酸钾反应生成灰绿色的硫酸铬。稀的重铬酸钾溶液为透明的橙色。

制作指南

1. 材料：新鲜酵母（或干酵母），质量分数为5%的葡萄糖溶液。

2. 用具：玻璃棒，玻璃导管，试管，研钵，烧杯，量筒，500 ml广口瓶或锥形瓶，胶塞，滴管。

3.试剂：质量分数为10%的NaOH溶液，澄清的石灰水（或Ba(OH)$_2$溶液），蒸馏水，浓硫酸，重铬酸钾晶体，色拉油，溴麝香草酚蓝溶液。

4.操作要点：

（1）制备酵母液。取两份新鲜酵母，每份10g，分别放入两个编好号的500ml广口瓶或锥形瓶中，再向瓶中分别加入200ml质量分数为5%的葡萄糖溶液，制成酵母发酵液，简称酵母液。

（2）实验装置。

装置1：

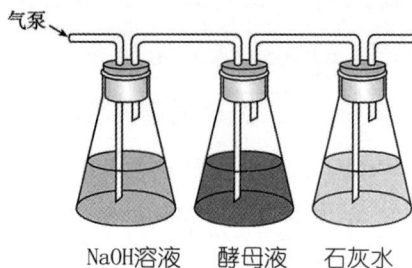

气泵

NaOH溶液　酵母液　石灰水

装置2：

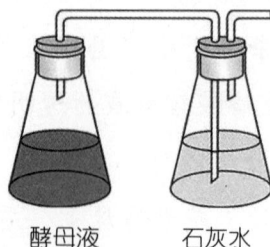

酵母液　石灰水

（在装置2的酵母液中加一些色拉油，以隔绝空气）

装置3：同装置1或装置2，但要将酵母液换成葡萄糖液。

（3）检测：

①使用石灰水检测CO_2的生成。在室温25 ℃、湿度55%条件下，10min时，可见装置1中石灰水变混浊，装置2中石灰水刚冒出气泡；20min时，装置2中石灰水变混浊。

实验现象：比较单位时间内两种装置中石灰水混浊的程度。

可观察到装置1与装置2中的酵母液均有气体产生，并使石灰水变浑浊，但装置1中石灰水的混浊程度（沉淀）多于装置2，装置1中石灰水变混浊的时间早于装置2。装置3中不出现石灰水变混浊的现象。

②检测酒精的生成。取3支试管，按装置标号分别给试管标上1、2、3号。向1、2、3号试管中各加入0.1g重铬酸钾晶体，然后分别向3支试管中小心地加入0.5ml浓硫酸，振荡试管使晶体溶解，待溶液冷却后备用。在室温25 ℃、湿度55%条件下，20min时，将装置1和装置2中的酵母液和装置3中的葡萄糖液取出，分别过滤，将滤液盛在3支干净的试管中。各取出2ml滤液，分别加入1、2、3号试管中，振荡试管。

实验现象：看单位时间内溶液颜色的变化。

1号试管的溶液（即装置1的溶液）橙色略有变化，即有一点灰绿色出现。

2号试管的溶液（即装置2的溶液）由橙色变为灰绿色

（在橙色背景中可能显青黄色）。

3号试管的溶液（即装置3的溶液）仍为橙色。

5. 需要注意的几个问题：

（1）各装置的连通管尽量不漏气。

（2）检测酒精生成时，配药后要马上检测。

（3）由于装置简单，不可能形成完全的有氧或无氧条件，因此不排除装置1中有酒精生成。检测酒精生成的实验中，装置1可能出现少许的灰绿色。

（4）注意对照装置3的实验结果。

牛牛趣味集

萤火虫发光之谜

萤火虫不论雄性还是雌性，夏秋的夜晚都会一闪一闪地发光。为什么他们能发光呢？萤火虫的发光器位于腹部后端的下方，该处具有发光细胞。发光细胞的周围有许多微细的气

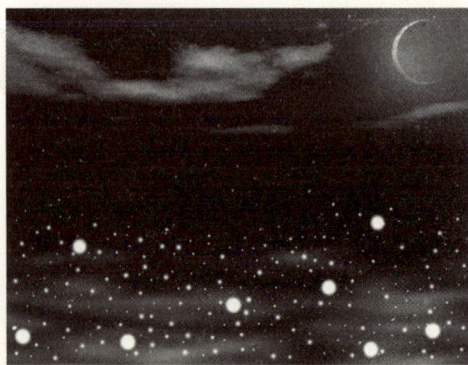

萤火虫发光的夜空

管，能进入空气，内有荧光素和荧光素酶。荧光素接受ATP提供的能量后就被激活，在荧光素酶的催化作用下，激活

的荧光素与氧气发生化学反应，发出荧光。如果没有ATP的话就不能发光，实际上就是ATP释放出能量转化为光能。此外，萤火虫的发光器由数层细胞组成。在皮肤下有发光细胞，在发光细胞下有反光细胞。反光细胞可以反射发光细胞发出的光，使光看起来更亮。

那么萤火虫发光究竟是为了什么呢？原来它是在吸引异性，那雄萤火虫在地面上空飞舞时发出闪光，意思是在询问："萤姑娘，你在哪啊？"附近草地上的雌萤火虫也发出闪光，那是回答的信号，意思是说："萤小伙子，我在这里。"雄萤火虫得到了信号后，便向雌萤火虫飞去了。这样就有利于繁衍后代。

萤火虫受到惊吓后自然会关闭光亮防止天敌发现自己。所以，被捉到后的萤火虫不发光，可以解释为是被你吓的。

有趣的是，萤火虫发出的光是冷光，它不会产生热。人们通过萤火虫的发光原理发明了荧光灯——日光灯，它比同样功率的普通灯泡明亮得多。后来人们又发明了矿

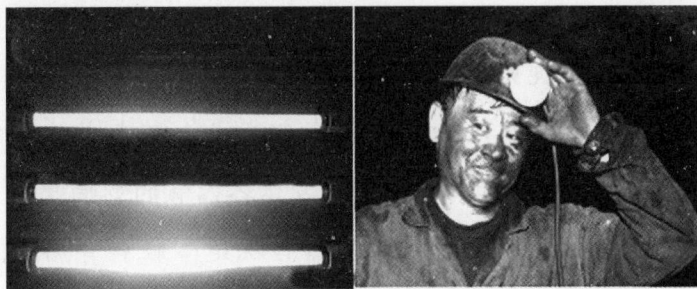

萤火虫发光原理制造的灯

灯，用在矿井里。因为矿井里充满着瓦斯，遇到一定热量就会爆炸，这种荧光灯不发热，所以使用安全。又因为这灯用电不多，不会产生磁场，所以军事上又用它做水下照明，去清除磁性水雷。科学家们还用荧光素和荧光素酶制成生物探测器，把它发射到其他星球表面，去探明那里是否有生命存在着。

人与ATP

人体中ATP的总量只有大约0.1摩尔。人体每天的能量需要水解100-150摩尔的ATP即相当于50至75千克，这意味着人一天将要分解掉相当于他体重的ATP，所以每个ATP分子每天要被重复利用1000~1500次。ATP不能被储存，因为ATP的合成后会在短时间内被消耗。

人体所需要的能量几乎都是ATP提供的：心脏的跳动、肌肉的运动以及各类细胞的各种功能都源于ATP所产生的能量。没有ATP，人体各器官组织就会相继罢工，就会出现心功能衰竭、肌肉酸疼、容易疲劳等情况。

ATP合成不足或缺失时，人体会感觉乏力，并出现心脏功能失调、肌肉酸痛、肢体僵硬等现象。长时间ATP合成不足，身体的组织和器官就会部分或全部丧失其功能；ATP合成不足持续时间越长，对身体各器官的影响就越大。对人来说，影响最大的组织和器官就是心脏和骨骼肌。因此，保证心脏和骨骼肌细胞的ATP及时合成是维护心脏和肌肉功能的重要措施。

心脏和骨骼肌自身合成ATP的速度慢，在缺血、缺氧的情况下更是如此。D-核糖能使心脏和骨骼肌生成ATP的速度快3~4倍，是给心脏和肌肉恢复动力的有效物质，在人体经历缺血、缺氧或高强度运动时，其作用更为突出。可通过口服D-核糖来维护心脏和肌肉功能。

D-核糖

在淤泥中有氧呼吸——莲藕

莲藕大家一定不陌生，莲藕实际上是莲花的地下茎，它深深埋在水中的淤泥里。它也要氧气进行有氧呼吸，但是淤泥中氧气极少，它是如何获得氧气的呢？我们不难发现莲藕它有孔。当它挺出水面的叶片从空气中吸收了很多氧气体后，便会将气体顺着叶柄往下传送到地下茎及根，让茎和根可以进行呼吸作用及气体

泥中挖出的莲藕

交换，维持正常活力。地下茎因此发展出气室的结构，每一个细胞也因此都能得到氧气。此外，因为莲藕存储了空气，可以保持一定的浮力，不会因为太重而一直陷进淤泥里。

藕含有多种营养物质如
天冬碱、蛋白氨基酸、葫芦巴
碱、干酪基酸、蔗糖、葡萄糖
等。鲜藕含有20%的糖类物质
和丰富的钙、磷、铁及多种维
生素。鲜藕既可单独做菜，也
可做其他菜的配料。如藕肉丸
子、藕香肠、虾茸藕饺、炸

莲藕有很多孔

脆藕丝、油炸藕蟹、煨炖藕汤、鲜藕炖排骨、凉拌藕片等
等，都是佐酒下饭，脍炙人口的家常菜肴。鲜藕也可制成
藕原汁、藕蜜汁、藕生姜汁、藕葡萄汁、藕梨子汁等清凉
消暑的饮料。

鲜藕还具有药用价值，生食能清热润肺，凉血行瘀；
熟吃可健脾开胃，止泻固精。老年人常吃藕，可以调中开
胃，益血补髓，安神健脑，具有延年益寿之功效。平时食
用藕时，人们往往除去藕节不用，其实藕节是一味著名的
止血良药，其味甘、涩，性平，含丰富的鞣质、天门冬
素，专治各种出血如吐血、咳血、尿血、便血、子宫出血
等症。民间常用藕节六七个，捣碎加适量红糖煎服，用于
止血，疗效甚佳。

运输氧气却进行无氧呼吸的细胞

我们每个人都要通过呼吸来吸取空气中的氧气，排出

体内产生的二氧化碳。氧气吸入肺中，再进入血液，通过血液将氧气从肺运送到身体各个组织。其中运输氧气的细胞就是血液中的红细胞。

血红蛋白能和空气中的氧结合，因此红细胞能通过血红蛋白将吸入肺泡中的氧运送给组织，而组织中新陈代谢产生的二氧化碳也通过红细胞运到肺部并被排出体外。红细胞

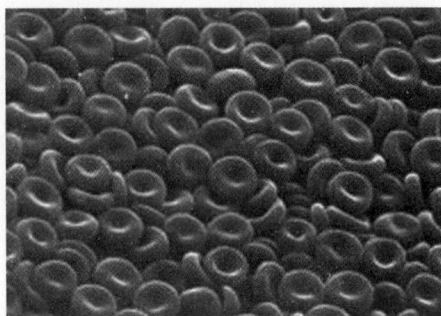
血红细胞

是运送氧气的细胞，那么同学们一定认为红细胞是进行有氧呼吸来为其生命活动提供能量的。其实不然，我们人体内的红细胞本身携带O_2，却进行无氧呼吸。其实哺乳动物（包括我们人）的成熟红细胞，都是进行无氧呼吸。

哺乳动物的成熟红细胞结构很特殊，既没有细胞核也无线粒体、核糖体等各种细胞器，这样可以腾出更多的空间给能够携带氧的血红蛋白。

成熟的红细胞内没有线粒体，并且缺乏有氧呼吸酶系，不能进行有氧呼吸，只能进行无氧呼吸，通过无氧呼吸释放能量来维持自身的生命活动。所以红细胞尽管携带较多的O_2也不会抑制其无氧呼吸。

成熟红细胞进行无氧呼吸是与其运输O_2的功能相适应的，因其结合和携带O_2的过程中并不消耗O_2，从而有效地

提高了运输O_2的效率。

成熟红细胞以上特点是哺乳动物在长期进化过程中逐渐形成的，是有利于哺乳动物适应环境的。

红细胞主要在人体的骨髓内生成（特别是红骨髓）。红细胞的平均寿命为120天，人体内每天都有红细胞死去，同时也制造出新的红细胞。献血会损失一些红细胞，但是同时会刺激骨髓迅速制造出更多的红细胞，从而恢复到以前的红细胞数量。

我们都听过煤气中毒，那么煤气中毒究竟是怎么一回事呢？红细胞中的血红蛋白能与氧气结合，但是一氧化碳与血红蛋白的结合力比氧与血红蛋白的结合力大200～300倍。当空气中一氧化碳含量为0.04%～0.06%或以上浓度时，在较短的时间内强占人体内所有的红细胞，紧紧抓住红细胞中的血红蛋白不放，取代正常情况下氧气与血红蛋白结合，使血红蛋白失去输送氧气的功能。一氧化碳中毒后人体血液不能及时供给全身组织器官充分的氧气，这时，血中含氧量明显下降。大脑是最需要氧气的器官之一，一旦断绝氧气供应，由于体内的氧气只够消耗10分钟，很快造成人的昏迷并危及生命。

小知识链接

血液的组成：血浆，红细胞，白细胞，血小板。

血浆约占血液的55%，是水，糖，脂肪，蛋白质，钾

盐和钙盐的混合物。也包含了许多止血必需的血凝块形成的化学物质。

生活小常识
煤气中毒

冬天用煤炉取暖时门窗紧闭或煤气漏泄就会引起煤气中毒。煤气中毒时病人最

煤气泄漏

煤炉取暖

初感觉为头痛、头昏、恶心、呕吐、软弱无力，当意识到中毒时，虽常挣扎下床开门、开窗，但一般仅有少数人能打开，大部分病人迅速发生痉挛、昏迷，两颊、前胸皮肤及口唇呈樱桃红色，如救治不及时，可很快呼吸抑制而死亡。

肌肉酸痛——乳酸惹的祸

相信大部分人都会在初次从事剧烈运动后都会感到肌肉酸痛。肌肉酸痛对于从事运动的人来说是一件非常麻烦的事情，因为他不仅会降低运动者的运动能力还会降低他们的运动积极性。那么为什么会出现肌肉酸痛呢？

原来这都是乳酸堆积"惹的祸"。肌肉运动犹如机

器运转需要能量供应，只是肌肉所需要的能量不是电能和热能，而是靠体内糖和脂肪等能源物质氧化所释放的化学能。在氧气充足的情况下，人体处于静息状态，肌肉中的糖类直接分解成二氧化碳和水释放大量能量。但是人体在剧烈活动时，骨骼肌急需大量的能量，尽管此时呼吸运动和血液循环大大加强了，可仍

肌肉酸痛

然不能满足肌肉组织对氧气的需求，致使肌肉处于暂时缺氧状态，而糖在缺氧的情况下分解产生大量的乳酸。这些乳酸堆积在肌肉中刺激神经末梢，便反射性的引起肌肉酸痛感。同时乳酸是一种高渗溶液，它堆积在肌肉中会吸收大量的水分，从而引起肌肉肿胀，这也是形成肌肉酸痛的重要原因。不过运动过后堆积在肌肉中的乳酸一部分被氧化，另一部分随血液扩散，所以肌肉酸痛感也随之消失。

但是，乳酸并不完全是坏东西，它虽然会限制你的行动，使得你肌肉酸痛。但是实验证明，乳酸可以有效地保护关节和肌肉，这也许是机体提醒我们注意不要运动过度。

那么当乳酸堆积，使我们肌肉酸痛，有哪些方法可以有效消除肌肉酸痛的呢？

1.整理活动。剧烈运动后进行整理活动，可使心血管系统、呼吸系统仍保持在较高水平，有利于偿还运动时所欠的氧债。整理活动使肌肉放松，可避免由于局部循环障碍而影响代谢过程。整理活动应包括慢跑、呼吸体操及各肌群的伸展练习。运动后做伸展练习可消除肌肉痉挛，改善肌肉血液

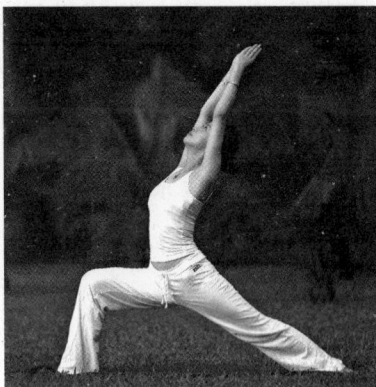

整理活动——伸展练习

循环，减轻肌肉酸痛和僵硬程度，消除局部疲劳，对预防运动损伤发生也有良好作用。

2.睡眠。睡眠是消除疲劳、恢复体力的好方式。睡眠时大脑皮层的兴奋过程降低，体内分解代谢处于最低水平，而合成代谢过程则相对较高，有利于体内能量的蓄积。成年运动员在平时训练期间，每天应有8～9小时的睡眠。在大运动量和比赛期间，睡眠时间

睡眠

应适当延长。青少年运动员的睡眠时间，应比成年运动员长，必须保证每天有10小时睡眠。如果上、下午都安排训练，中午应有适当时间午睡（1.5～2小时）。

3.温水浴。训练后进行温水淋浴是最简单易行的消除疲劳方法。温水浴可促进全身的血液循环，调节血流，加强新陈代谢，有利于机体内营养物质的运输和疲劳物质的排除。水温为42±2℃为宜。时间为10～15分钟。勿超过20分钟。训练结束半小时后，还可进行冷热水浴。冷水温为15℃，热水温为40℃，冷水淋浴1分钟，热水淋浴2分钟，交替3次。

4.按摩。按摩是消除疲劳的重要手段。其中人工按摩是最受运动员欢迎的消除疲劳手段，现已发展各种代替人力按摩的方法，如：按摩椅、按摩机、按摩床等。

5.吸氧。利用高压氧船，在2～2.5个标准大气压下，吸入高压氧的效果已得到初步证实。高压氧可使血氧含量增加，血液二氧化碳浓度下降，PH值上升，提高组织氧的储备量，对训练引起的极度疲劳、肌肉酸痛、僵硬、酸碱平衡失调等有明显疗效。特别对拳击、摔跤、柔道等头部常受到撞击的运动员，有减轻头疼、头晕，改善睡眠的效果。负氧离子也被用来消除疲劳，有人观察负氧离子加播放音乐有消除机体疲劳的作用；还有提高背肌力，改善心肺功能，提高血红蛋白浓度等作用。

6.药物。为了尽快消除疲劳，

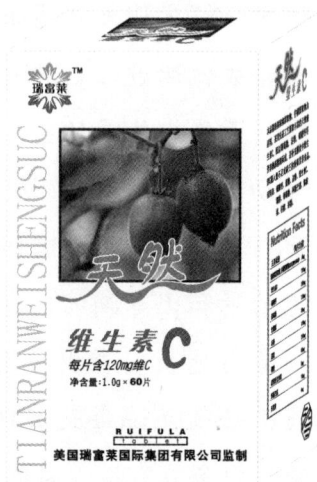

可适当应用一些药物。如每天服用100毫克维生素C对防止和缓解肌肉酸痛都有一定作用，维生素C缺乏可大大降低人体的耐力和运动能力；补充维生素C可明显降低运动诱导的氧化应激，对提高人体机能有一定的意义。

运动医学家们发现，甘草根、蒲公英和藏红花等草药具有中和乳酸，恢复肌肉活力的功效。将这些草药用开水浸泡10~15分钟即可饮用。

破伤风的罪魁祸首——破伤风杆菌

破伤风杆菌是一种厌氧菌，病菌只能在无氧的条件下进行无氧呼吸来生长繁殖。当破伤风杆菌侵入人体较深的伤口，就形成了一个适合该菌生长繁殖的缺氧环境。如果同时存在需氧菌感染，将消耗

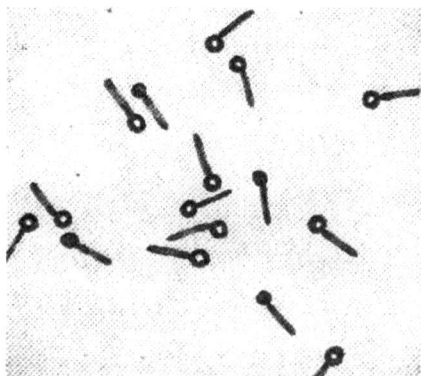

破伤风杆菌

伤口内残留的氧气，那么就更容易使人患上破伤风。

其实破伤风杆菌到处都是，平时存在于人畜的肠道，随粪便排出体外，以芽孢状态分布于自然界，尤以土壤中为常见。破伤风杆菌多生长在泥土及铁锈中，所以在伤口较深沾染泥土或被铁锈类铁器扎伤时均应注射破伤风抗毒素。

但是不用怕，
破伤风杆菌及其毒
素不能侵入正常的
皮肤和黏膜。对于
一般小的伤口，可
先用清水或肥皂水

破伤风抗毒素

把伤口外面的泥、灰冲洗干净。有条件的，可在伤口涂上
碘酒或云南白药等消毒药物，然后在伤口上盖一块干净的
布，轻轻包扎好即可。对于一些大的伤口，可先用干净的
纱布缠住伤口，然后迅速去医院治疗。

当然注射破伤风预防针也是预防破伤风的一个好方
法。

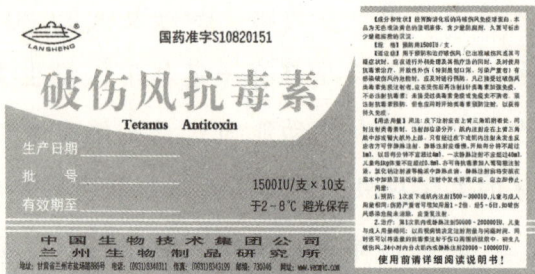

小知识链接

破伤风：感染破伤风杆菌引起的一种比较严重的
疾病。可导致死亡。

芽孢：为适应不良环境，细菌形成芽孢。可度过
不良环境，对干旱和高、低温都有极强的抵抗力，条
件转好时，芽孢可形成细菌细胞。

从呼吸氧气角度选择卧室中摆放的植物

绿色植物不仅看上去赏心悦目，有些摆放在家里还
能净化室内空气，所以任何昂贵的家居用品都不能与具有
生命活力的植物相比。因此，越来越多的家庭喜欢在卧室

内摆放植物。但是，绿色植物在白天是光合作用大于呼吸作用，光合作用放出的氧气大于呼吸作用吸收的氧气，到了晚上则是相反，呼吸作用消耗的氧气大于光合作用释放的氧气。这样如果卧室摆放植物过多，植物就会与人争夺氧，影响人的呼吸，使人感觉憋闷。

卧室内放不放植物，放什么，则成了许多养花爱好者关心的问题。夜间植物呼吸作用旺盛，并放出二氧化碳，可以想办法规避。如：可在有人睡觉的房间少放一些植

仙人球

虎尾兰

芦荟

落地生根

物，白天摆放植物，晚间临时搬到客厅或阳台等措施，发挥植物的优点。

肉质多浆类的植物为首选。在绿色植物中，还有一类植物，它们晚间的光合作用释放的氧气大于呼吸作用消耗的氧气，这类植物晚间放在卧室摆放，有利于人的夜间呼吸。这些植物主要是一些原产热带沙漠和原地区的肉质多浆类的植物，如：仙人掌、仙人球、芦荟、虎尾兰、虎皮兰、龙舌兰、伽蓝菜、景天、落地生根、凤梨类等植物。

自制美味

用电饭煲自制酸奶

同学们一定喝过可口的酸奶，但是你们知道酸奶是怎么做成的吗？其实，酸奶是以新鲜的牛奶为原料，经过乳酸菌发酵（即乳酸菌的无氧呼吸）制成的。发酵过程使牛奶中糖、蛋白质有20%左右被水解成为小的分子（如半乳糖和乳酸、小的肽链和氨基酸等）。牛奶中脂肪含量一般是3%～5%，经发酵后的酸奶中脂肪酸可比原料奶增加2倍。这些变化使酸奶更易消化和吸收，各种营养素的利用率得以提高。酸奶由鲜牛奶发酵而成，除保留了鲜牛奶的全部营养成分外，在发酵过程中乳酸菌还可产生人体营养所必需的多种维生素，如VB_1、VB_2、VB_6、VB_{12}等。

特别是对乳糖消化不良的人群，吃酸奶也不会发生腹

胀、气多或腹泻现象。鲜奶中钙含量丰富，经发酵后，钙等矿物质都不发生变化，但发酵后产生的乳酸，可有效地提高钙、磷在人体中的利用率，所以酸奶中的钙、磷更容易被人体吸收。

酸奶因为含有对人体肠道有益的乳酸菌，能抑制肠道内腐败菌的繁殖，并减弱腐败菌在肠道内产生的毒素，帮助肠道蠕动，防止便秘，改善肠道循环，是非常适合减肥期间饮用的饮品。酸奶还有降低胆固醇的作用，特别适宜高血脂的人饮用。

买来的酸奶比较贵分量又相对较少，一次喝不过瘾，买一台酸奶机又怕利用率太低造成浪费，今天就让牛牛教大家一招，利用电饭煲来做酸奶，效果不输给酸奶机哦。

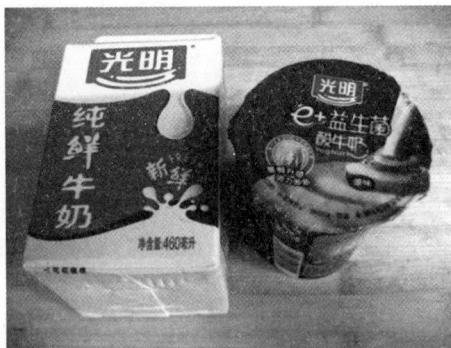

鲜奶和酸奶

电饭煲做酸奶和季节有关，夏季和有暖气的冬天都可以不用电，如果是冬季又是在没有暖气的南方则需要用到电饭煲的保温功能。在此之前您还需要测试一下您的电饭煲保温功能是否会间歇加热，如果有则可以按照下面介绍的方法操作，如果没有问题也不大，但发酵的时间可能会长一点。做好的酸奶可以直接食用，也可以制作水果沙拉

或者水果奶昔，是健康又美味的饮品。

首先准备一个干净带盖子的大玻璃瓶和一大盒鲜牛奶及一小盒酸奶。这里的关键是牛奶要新鲜，最好是放在超市冷藏室储藏的那种牛奶，而不是常温牛奶，如果有脱脂鲜牛奶则更适合减肥期间食用。酸奶要一小盒就行，原味的就好，酸奶和牛奶的比例从1∶8到1∶12均可。

玻璃瓶先用沸水烫两分钟，再取出擦干，注意要完全不留水分。

将电饭煲中水烧开，往玻璃瓶中倒入鲜牛奶，放在开水中烫5～10分钟，使鲜牛奶的温度达到烫手但不沸腾的程度（最佳温度是80～90℃）。

等烧烫的牛奶降温到温热（40℃左右），这时加入酸牛奶。

用干净的筷子（最好开始时同玻璃瓶一起用沸水煮过）将牛奶和酸奶充分搅拌。

搅拌均匀后，给玻璃瓶口封上保鲜膜，盖上盖子，旋紧。保鲜膜的作用是使封口更卫生，也增加密封性。

如果你的电饭煲的保温功能是会隔时加热的，这时有很关键的一步——给酸奶和锅底做一个隔热层，避免酸奶贴近锅

底后被直接加热。隔热层的做法是用一双一次性筷子在锅底交叉，再在筷子的上面铺一层折叠起来的毛巾。

用保鲜膜封口

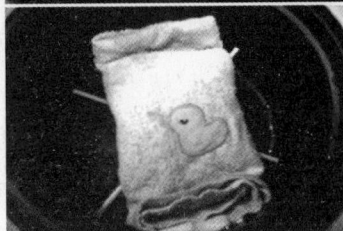

锅中倒入温水（三十六七度，和体温相似的温度的水，用手摸感觉不冷不热的），可以是刚才烫牛奶的水，刚好牛奶温了水也温了，如果觉得水温还有点高，可以搅拌一下水面加速散热。将密封好的玻璃瓶放在隔热层的毛巾上，浸泡在温水中。盖上电饭锅锅盖，放置一晚。

如果电饭锅的保温功能没有隔时加热功能，则不必通电，也不必做隔层，放在温暖的暖气前就行。如果电饭锅的保温功能有隔时加热功能，则需要通电一晚。

自制酸奶由于不能密封，所以储存时间也要比市场上卖的时间短，放在冰箱里只可以储存2~3天，随做随喝更好！

第二天，一早视酸奶的凝固程度决定是否继续发酵，如果像图中一样凝固的比较好，闻之有奶香味，则可以加少许蜂蜜搅匀搅细，直接食用。没有减肥需求的人群可以加入符合个人口味的白糖，直到口味不那么酸。

做隔热层

97

牛牛问与答

先有有氧呼吸还是无氧呼吸？

在远古时期，地球的大气中没有氧气，那时的微生物适应在无氧的条件下生活，所以这些微生物（专性厌氧微生物）体内缺乏氧化酶类，至今仍只能在无氧的条件下生活。随着地球上绿色植物的出现，绿色植物进行光合作用释放出氧气，于是也出现了具有有氧呼吸酶系统的好氧微生物。可见，有氧呼吸是在无氧呼吸的基础上发展而来的。尽管现今高等动植物的呼吸形式主要是有氧呼吸，但仍保留无氧呼吸的能力，在某些缺氧的条件下仍然进行一定的无氧呼吸。

水生植物为什么不怕淹？

生命诞生于海洋，千姿百态的植物从水生到陆生，现在又有一部分回到水中，从而形成了像水葫芦这样的类群。我们都知道水是生命之源，但水过多也会产生呼吸不畅等后果。水生植物是怎么进行呼吸的呢？

水生植物要想呼吸，体内必须有发

水葫芦

达的通气系统，以保证身体各部位对氧气的需要。在水生植物新的或旧的根内部，通常都会有纵向的细胞空隙，称为通气组织，通气组织可在根、匍匐根、茎或是叶柄中出现。通气组织可分为二种：一种借由分开皮层或是周皮间的细胞，来增加空隙；另一种借由溶解部分的细胞而形成的通气组织。各种植物的通气组织不尽相同，有其特定的分类方式。

一般来说，通气组织被认为可帮助植物茎生长，使植物在低氧的情况下生存下来。它能减少氧等气体运送到植物的阻力，增加氧气的储存空间。在低氧的土壤中，有毒物质会被氧化，变成没有活性的物质。许多生长在排水良好条件下的水生植物，通常含有空间较大

水葫芦叶柄切开图

的通气组织。但一些具有淹水忍耐力的植物，如玉米、小麦、大麦等，如果生长在容易暴露于空气中的土壤，通气组织并不发达；但若是生长在低氧的环境下时，通气组织很快就会形成。

但是时间长了，水生植物的通气组织也会被水充满，所以水生植物的排水器也是重要的器官，它既能把通气组

织中多余的水分排出体外，又可以从水中吸收矿物质等有用的物质。

此外水生植物的叶片常呈带状、丝状或极薄，有利于增加采光面积和对CO_2与无机盐的吸收，植物体具有较强的弹性和抗扭曲能力以适应水的流动。淡水植物具有自动调节渗透压的能力，而海水植物则是等渗的。

第四章　人体健康与三大营养物质代谢

　　民以食为天，我们每天都要吃些食物，要从食物中得到我们自身所需要的糖类、脂质、蛋白质、水、无机盐、维生素和膳食纤维七大类营养物质。其中糖类、脂质、蛋白质是非常重要三大营养物质，它们在人体内的正常代谢对我们的健康非常重要。同学们，你知道这三大营养物质在我们人体内是怎么代谢的以及与我们的健康有什么样的关系吗？接下来就让"牛牛"带领大家来解决这个疑问。

牛牛大讲堂

糖类在人体内怎么变化？

　　一般的食物，如米饭、包子、馒头、土豆、马铃薯里富含糖类。食物中的糖类绝大部分是淀粉，此外还有少量的蔗糖、乳糖等。食物中的糖类要先经过消化分解形成葡

萄糖才能被人体的小肠上皮细胞吸收。然后进入血液中，就叫做血糖，血糖随血液循环被运输到各种组织细胞内，主要发生三种变化：

富含糖的食物

第一，一部分血糖在细胞中氧化分解，最终生成二氧化碳和水，同时释放出能量，供生命活动所需。

第二，血糖氧化分解释放出的能量够用，那么多余的部分可以在肝脏组织中合成肝糖原，在肌肉组织中合成肌糖原。当血糖含量由于消耗而逐渐降低时，肝糖原可以分解成葡萄糖，并陆续释放到血液中，以便维持血糖含量的相对稳定。肌糖原则是作为能源物质，供给肌肉活动所需的能量。

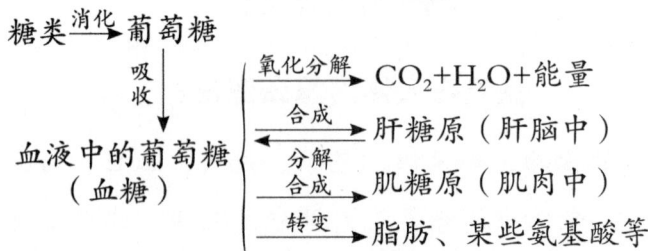

$$
\text{糖类} \xrightarrow{\text{消化}} \text{葡萄糖}
$$

$$
\begin{array}{l}
\text{血液中的葡萄糖} \\
\text{（血糖）}
\end{array}
\begin{cases}
\xrightarrow{\text{氧化分解}} CO_2 + H_2O + \text{能量} \\
\xrightarrow[\text{合成}]{} \text{肝糖原（肝脑中）} \\
\xrightarrow[\text{合成}]{\text{分解}} \text{肌糖原（肌肉中）} \\
\xrightarrow{\text{转变}} \text{脂肪、某些氨基酸等}
\end{cases}
$$

第三，除了上述变化外，如果还有多余的葡萄糖，那么这部分葡萄糖就可以转换成脂肪和某些氨基酸等。

在人体内，糖类最主要的功能就是氧化分解释放能量，为生命活动提供能量。

血糖的"来去"与平衡

血糖有三个形成的途径（来源）和三个消耗途径（去路），见下图。

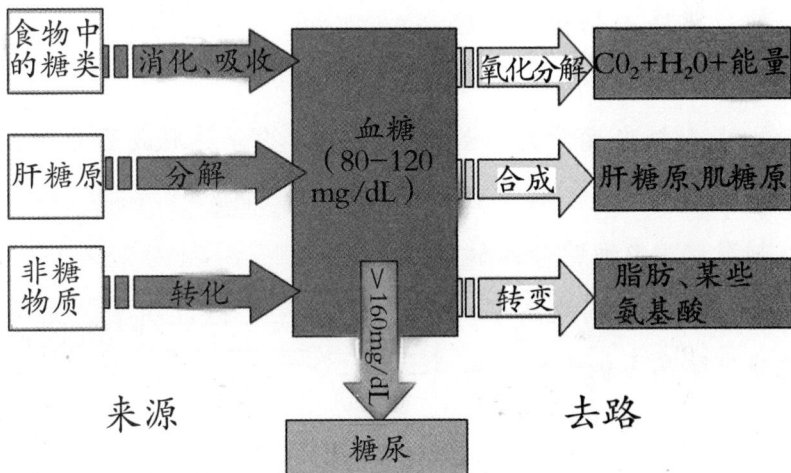

来源		血糖		去路
食物中的糖类	消化、吸收 →	血糖（80－120 mg/dL）	氧化分解 →	CO_2＋H_2O＋能量
肝糖原	分解 →		合成 →	肝糖原、肌糖原
非糖物质	转化 →	>160mg/dL ↓	转变 →	脂肪、某些氨基酸
		糖尿		

三个来源形成血糖，使得血糖含量增多；三个去路消耗血糖，使得血糖含量降低。

一般情况下，血糖的来源和去路保持相对平衡的话，会使血糖含量保持相对稳定。正常情况下人体血糖含量在80～120 mg/dL范围之内波动，也就是血糖动态平衡。血糖平衡则能为机体各种组织细胞的正常代谢活动提供能源物质。

血糖浓度的相对稳定受到多种因素的影响，其中激素是最重要的调节因素。

血糖的平衡

参与人体血糖动态平衡调节的激素有多种，其中胰岛素和胰高血糖素发挥着主要作用。胰岛素是由胰岛B细胞分泌的，胰高血糖素是由胰岛A细胞分泌的。

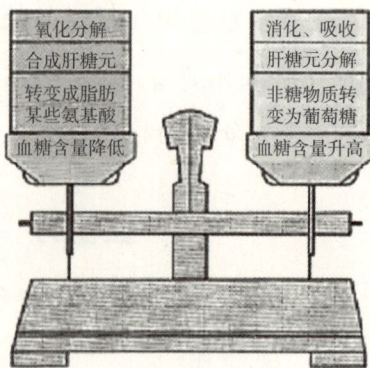

当血糖浓度升高（如进食后，食物分解形成葡萄糖，使血糖浓度升高）时，直接刺激胰岛B细胞分泌胰岛素，同时抑制胰岛A细胞分泌胰高血糖素。胰岛素能促进血糖进入组织细胞，并在组织细胞内氧化分解、合成糖原或脂肪

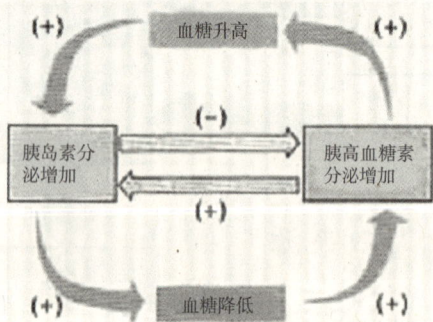

血糖平衡的调节

酸，同时抑制糖原的分解和非糖物质转化为葡萄糖等，从而使血糖浓度降低。（见上图）

当血糖浓度过低时（如饥饿时，血糖浓度降低），可引起胰岛A细胞分泌胰高血糖素。胰高血糖素能促进肝糖原的分解和非糖物质转化为葡萄糖，从而使血糖浓度上升。

另外，肾脏在血糖平衡调节中也起到了重要的作用。

正常情况下，肾脏能把原尿中的葡萄糖重吸收回血液，所以正常人排出来的尿液中不含葡萄糖。但是它的重吸收能力是有限的，当血糖含量超过一定值（160～180mg/dL）时，尿液中就会有些葡萄糖。此外，当血糖含量降低，肾上腺髓质分泌的肾上腺素等能促进肝糖原分解为葡萄糖，从而使血糖含量升高。

血糖"脱平"

一般情况下，通过人体的调节作用，血糖含量会保持动态的平衡。但是当人体不能正常调节血糖含量时，血糖就会脱离平衡的轨道。血糖含量变得过低或过高，就会出现低血糖和糖尿等症状。

低血糖头昏

长期饥饿或肝功能减退（肝糖原难以分解形成血糖），导致血糖的来源减少而得不到补充。血糖浓度低，细胞供能不足，特别是脑细胞供能不足，就会出现低血糖的症状，如头昏、心慌、出冷汗、面色苍白、四肢无力。这时如果能及时吃一些含糖较多的食物，或喝一杯浓糖水就可以恢复正常。但是如果糖类得不到补充，听任上述情

况继续发展，就会出现惊厥和昏迷等。这时静脉注射葡萄糖溶液，症状就会缓解。

很多学生不吃早餐，往往在上午第二节课后，就出现头昏、心慌、四肢无力等现象，这是为什么呢？这主要是因为昨天晚上之后再也没有进食，不能从食物中获得葡萄糖。但是在这没有进食的十多个小时里，血糖却一直在消耗，即使有些肝糖原和非糖物质会转换成血糖，血糖浓度还是很低。上课时，大脑活动活跃，需要更多的能量，但是血糖浓度过低，使得脑组织得不到足够的能量。当脑组织因血糖含量降低而得不到足够的能量供应时，就会出现低血糖症状如头昏、心慌、四肢无力等现象，这时只要吃些含糖较多的食物就可以恢复正常。

但是当正常人一次性口服大量的糖（相当于200g以上的葡萄糖）时，会暂时导致血糖浓度超过了肾脏重吸收葡萄糖的能力，偶然也会出现尿液中有葡萄糖（即糖尿）的现象。如果肾脏出现了病变，重吸收原尿中葡萄糖的能力受损，也会出现糖尿。此外糖尿病患者的血糖含量很高，超过$160\sim180mg/dL$，超过了肾脏的重吸收原尿中葡萄糖的能力，其尿液中含有葡萄糖，而且会持续出现糖尿。

脂质在人体内怎么变化？

一般来说，食物中奶类、肉类、鸡蛋、鸭蛋含脂质很多；植物的种子如花生米、菜籽、核桃、果仁、芝麻以及食用油中富含脂质。食物中的脂质主要是脂肪，还有少量的磷脂（主要是卵磷脂和脑磷脂）和固醇。食物中的脂肪和糖类一样不能直接被人体吸收利用，要先经过

各种富含脂质的食物

消化，分解成了甘油和脂肪酸这些小分子，才能被人体吸收。被吸收的甘油和脂肪酸大部分再度重新合成为脂肪，随着血液运输到全身各组织器官中，在其中主要发生以下两种变化：

第一，在皮下结缔组织、腹腔大网膜和肠系膜等处储存起来，以脂肪组织的形式存在。

第二，在肝脏和肌肉等处再度分解为甘油和脂肪酸，然后直接氧化分解，生成二氧化碳和水，释放出大量的能量，或者转化为糖原。

一般成年人体内储存的糖原只有几百克，而脂肪在体内储存的量可以高达数千克甚至十几千克。1g脂肪在体内储存所占的体积是1g糖原体积的五分之一，但是1g脂肪彻底氧化分解放出的能量（约为38.91kJ），比1g糖原氧化分解所释放出的能量（约为17.15kJ）要大一倍多，也就是说脂类彻底氧化分解放出的能量大约是同等重量糖类氧化分解放

出能量的两倍多。脂肪是细胞内良好的储存能量的物质，当生命活动需要时可以利用分解。脂肪还有保持体温的作用，胖子夏天怕热而冬天不怕冷，主要是因为脂肪多能够保温。分布在内脏器官周围的脂肪还具有缓冲和减压的作用，可以保护内脏器官。脂肪还是脂溶性维生素如维生素A、D、E、K等的溶剂，这些维生素溶解在脂肪里才容易被吸收和利用。比如，胡萝卜用肥肉炒，就能把其中的脂溶性维生素溶解且容易被人体吸收，而且非常好吃。

一般情况下，如果一个人多食少动，脂肪摄入较多，那么就会脂肪过多，也就是我们常说的肥胖。

脂质中的磷脂主要在动物的脑、卵细胞、肝脏以及大豆的种子中含量丰富，磷脂是构成细胞膜和细胞器膜的重要成分。它的基本功用有：增强脑力（一些健脑产品中一定有磷脂），安定神经，平衡内分泌，提高免疫力，解毒利尿，清洁血液，健美肌肤，保持年轻。

脂质中的胆固醇是构成细胞膜的重要成分，在人体

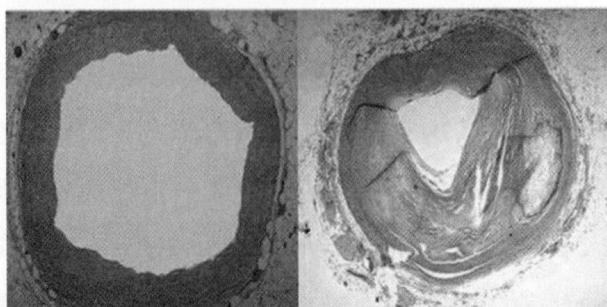

正常血管　　　　　　　堵塞变窄的血管

内还参与血液中脂质的运输。但是不能摄入过多，如果过多，会在血管壁上形成沉淀，使血管弹性降低、管腔变窄甚至堵塞（如图）。全身的重要器官都要依靠血管供血、供氧、供营养物质，一旦血管被堵塞，就会导致严重后果，甚至危及生命。

蛋白质在人体内怎么变化？

食物中的蛋白质可分为植物性蛋白质和动物性蛋白质两大类。植物蛋白质即来源于植物中，谷类含蛋白质10%左右，蛋

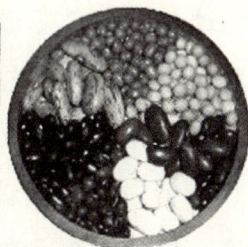

植物蛋白

白质含量不算高，但由于是人们的主食，所以仍然是蛋白质的主要来源。豆类含有丰富的蛋白质，特别是大豆含蛋白质高达36%~40%，氨基酸组成也比较合理，在体内的利用率较高，是植物蛋白质中非常好的蛋白质来源。此外，像芝麻、瓜子、核桃、杏仁、松子等干果类的蛋白质的含量均较高。（如上图）

动物性蛋白即来源于动物的蛋白质。蛋类如鸡蛋、鸭蛋、鹌鹑蛋含蛋白质11%~14%，是优质蛋白质的重要来源；奶类如牛奶、羊奶、马奶等一般含蛋白质3.0%~3.5%，是婴幼儿蛋白质的最佳来源；畜、禽类如牛、羊、猪、狗、

鸡、鸭、鹅的肉，含蛋白质10%~20%，鱼类含蛋白质15%~25%。

我们吃了食物中的蛋白质，不能直接被吸收和利用，而是要先在人体消化道内经过一系列的消

动物性蛋白

化过程变成氨基酸，然后被人体吸收利用。所以同学们不要担心吃牛奶、吃牛肉会变成牛。

人体吸收的氨基酸在人体内有以下三种变化：

第一，直接被利用合成各种组织蛋白，以及酶和激素等。例如，合成肌肉细胞中的肌球蛋白和肌动蛋白（都属于组织蛋白），红细胞中的血红蛋白等。有些细胞除了能合成组织蛋白外，还能合成一些具有一定生理功能的特殊蛋白质。例如，消化腺上皮细胞能合成消化酶（如胰岛B细胞能合成胰岛素，降低血糖）；某些内分泌细胞能够合成蛋白质类激素（如甲状腺细胞能合成甲状腺激素，促进新陈代谢）。

第二，通过氨基转换作用，把氨基转移给其他化合物，可以形成新的氨基酸。例如谷氨酸和丙氨酸在谷丙转氨酶的催化下，把谷氨酸的氨基转移给丙酮酸，生产丙氨酸。像丙氨酸这样能够在人体内合成的氨基酸，称为非必需氨基酸。另外，还有一些氨基酸在人体内不能合成，只能从食物中获得的氨基酸称为必需氨基酸。

第三，通过脱氨基作用，氨基酸分解为含氮部分（也就是氨基）和不含氮部分，其中氨基可以转变为尿素而随尿液排除体外；不含氮部分可以分解成二氧化碳和水，同时释放出能量，也可以合成糖类和脂肪。

蛋白质在体内消化时形成氨基酸，我们可以认为蛋白质是由氨基酸构成的。构成蛋白质的氨基酸有20多种，不同的氨基酸按不同数量、比例及排列顺序组成千变万化的蛋白质。

在蛋白质所含20多种氨基酸中，有8种氨基酸在人体内不能合成或合成速度不能满足机体需要，必须每日从膳食中获取。在营养学上称这8种氨基酸为必需氨基酸，即赖氨酸、色氨酸、蛋氨酸、苏氨酸、缬氨酸、亮氨酸、异亮氨酸、苯丙氨酸（可以用谐音记忆：携一两本淡色书来），但是对于婴儿

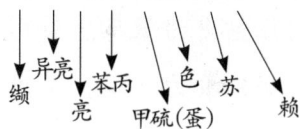

携一两本淡色书来

缬　异亮　苯丙　色　苏　　赖
　　亮　　甲硫(蛋)

来说必需氨基酸还要另外多一种组氨酸，因为婴儿体内还不能合成组氨酸。食物蛋白质的营养价值取决于其所含必需氨基酸的种类是否齐全、数量是否充足、比例是否恰当。若食物蛋白质的必需氨基酸种类、数

玉米的蛋白质缺少赖氨酸、色氨酸

稻谷的蛋白质缺少赖氨酸

量、比例与人体蛋白越接近其营养价值就越高，否则食物蛋白质的营养价值就会受到限制。奶类、蛋类、肉类、豆制品等食物所含蛋白质因为必需氨基酸种类齐全、数量充足、比例恰当，故被称为优质蛋白；而各类粮谷所提供的蛋白质因缺少一种或几种必需氨基酸，其蛋白质的营养价值下降，尤其是赖氨酸缺少更为明显，是影响粮谷蛋白质营养价值的第一限制氨基酸。例如，玉米的蛋白质缺少赖氨酸、色氨酸，稻谷的蛋白质缺少赖氨酸。

　　单纯依靠粮谷蛋白质不能完全满足机体营养需要，在每日膳食中除粮谷主食外，必须摄入一定数量的优质蛋白质才能保证机体生长发育及生理活动的需要。

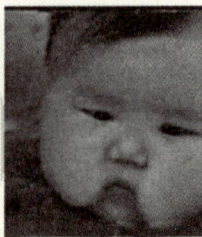

　　蛋白质缺乏在成人和儿童中都有发生，但处于成长阶段的儿童更为敏感。蛋白质缺乏的常见症状是代谢率下降，对疾病抵抗力减退，易患病；远期效果是器官的损害，常见的是儿童生长发育迟缓、体质下降、淡漠、易激怒、贫血以及干瘦病或水肿，并因为易感染而继发疾病。蛋白质的缺乏，

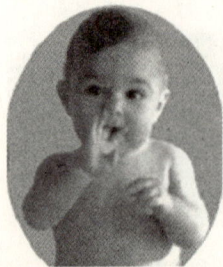

正常儿童　　　　蛋白质缺乏儿童　　　蛋白质极度缺乏儿童

往往又与能量的缺乏共同存在，即蛋白质、热能营养不良，分为两种，一种指热能摄入基本满足而蛋白质严重不足的营养性疾病，称加西卡病；另一种即为"消瘦"，指蛋白质和热能摄入均严重不足的营养性疾病。

因为蛋白质不能在人体内储存，所以人体每天都必须摄入足够量的蛋白质。处于生长发育旺盛时期的儿童、少年、孕妇以及大病初愈的人食物中更应该含有较多的蛋白质。

三大营养物质的关系

在生物体内，糖类、脂肪和蛋白质这三类物质的代谢是同时进行的，都能作为能源物质氧化分解释放能量。在正常情况下，人和动物体所需要的能量主要由糖类氧化供给，只有当糖类代谢发生障碍，引起供能不足时，才由脂肪和蛋白质氧化分解供给能量，保证机体的需要。当糖类和脂肪的摄入量都不足时，体内蛋白质的分解就会增加用来释放能量；而当大量摄入糖类和脂肪时，体内蛋白质的分解就会减少。所以当我们消耗了大量体力时，吃糖类物质能尽快地补充能量，而不是脂肪和蛋白质。

糖类、脂肪和蛋白质之间可以转化，如下图。

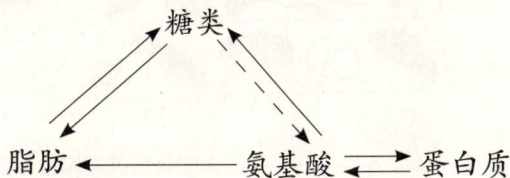

但是我们人体内脂肪不能转化为氨基酸，而某些氨基酸可转变成脂肪。

113

在糖类供给充足的情况下，它才有可能大量转化成脂肪。糖类能大量转化成脂肪，脂肪只能少量转化为糖类；糖类通过转氨基作用合成的氨基酸为非必需氨基酸，必需氨基酸只能从食物中获得。

均衡饮食

实际上我们从食物中不仅获得糖类、脂质、蛋白质三大营养物质，还可获得水、无机盐、维生素和膳食纤维，这七大营养物质都与人的健康密切相关。我们要合理地搭配食物，做到均衡饮食，从而满足人体对营养物质和能量的需要，保证人体生命活动的正常进行，从而维持人体的健康。

如何均衡饮食呢？人每天应吃齐四类食物，五谷、蔬果、乳类和肉类，它们合起来提供人体每天需要的七大养

油脂类（不超过25克）

奶类和豆类食物（鲜奶200~300克，豆类100~150克）

鱼、虾、肉、蛋（200~250克）

蔬菜和水果：（蔬菜400~500克，水果200~300克）

谷类：包括米、面、杂粮（350~500克）

中国公民健康膳食宝塔

分。因此，这四类食物合称"均衡的食物"。

每天需要摄入多少"均衡的食物"才能做到均衡饮食呢？请看上图。

牛牛问与答

蛋白质有什么用？

蛋白质有很多非常重要的功能，主要表现在以下几个方面：

1.蛋白质是构成生物体细胞的重要组成部分，是更新人体组织如毛发、皮肤、肌肉、骨骼、内脏、大脑、血液、神经、内分泌等，必不可少的物质。

2.蛋白质更新修补人体衰老和损伤的组织。例如，年轻人的表皮28天更新一次，而胃黏膜两三天就要全部更新。所以一个人如果蛋白质的摄入、吸收、利用都很好，那么皮肤就光泽而又有弹性。反之，人则经常处于亚健康状态。组织受损后，不能得到及时和高质量的修补，便会加速机体衰退。

3.构成催化和调节各种代谢活动的酶。生物体新陈代谢的全部化学反应都是由酶催化完成的。

4.运输功能。在生命活动过程中，许多小分

构成生物体

子及离子的运输是由各种专一的蛋白质来完成的。例如，在血液中血浆蛋白运送小分子，红细胞中的血红蛋白运送氧气和二氧化碳，脂蛋白运输脂肪。细胞膜上的受体和转运蛋白等都具有运输功能。

5. 构成体内的激素，参与调节生命活动。如胰岛素是由51个氨基酸分子合成的，可以降低血糖的浓度；生长素是由191个氨基酸分子合成，促进生长发育。

6. 有些蛋白质具有免疫功能，如人体的抗体是蛋白质，它能识别和结合侵入生物体的外来物质，如病毒和细菌等，清除或抵御其有害作用。

7. 运动功能。高等动物的肌肉收缩都是通过蛋白质（主要是肌球蛋白和肌动蛋白）实现的。

酶

此外蛋白质还具有维持体液平衡、酸碱平衡等功能。

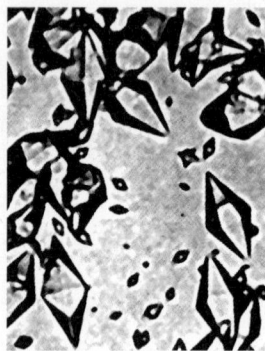

蛋白质吃得越多越好吗？

蛋白质，尤其是动物性蛋白摄入过多，对人体同样有害。首先过多的动物蛋白质摄入，就必然同时摄入较多的动物脂肪和胆固醇。其次蛋白

血红蛋白运输氧气

质过多也会产生有害影响。正常情况下，人体不储存蛋白质，所以必须将过多的蛋白质脱氨分解，氮则由尿排出体外，这加重了代谢负担。而且，这一过程需要大量水分，从而加重了肾脏的负荷，若肾功能本来不好，则危害就更大。最后，过多的动物蛋白摄入，也造成含硫氨基酸摄入过多，这样可加速骨骼中钙质的丢失，易产生骨质疏松。

一天吃多少蛋白质最好？

蛋白质的需要量，因健康状态、年龄、体重等各种因素也会有所不同。身材越高大或年龄越小的人，需要的蛋白质越多。

以下数字是不同年龄的人所需蛋白质的指数：

年龄	1~3	4~6	7~10	11~14	15~18	19以上
指数	1.80	1.49	1.21	0.99	0.88	0.79

其计算方法为：

先找出自己的年龄段指数，再用此指数乘以自己体重（公斤）；所得的答案就是您一天所需要的蛋白质克数。

例如：体重40公斤，年龄14岁，其指数是0.99。

$0.99 \times 40 = 39.6g$，这

刘翔跨栏靠蛋白质

就是一天所需要的蛋白质的量。

怎样选择蛋白质食物？

蛋白质是人体重要的营养物质，保证优质蛋白质的补给是关系到身体健康的重要问题，怎样选用蛋白质才既经济又能保证营养呢？

首先，要保证有足够数量和质量的蛋白质食物。根据营养学家研究，一个成年人每天通过新陈代谢大约要更新300g以上蛋白质，其中3/4来源于机体代谢中产生的氨基酸，这些氨基酸的再利用减少了需补给蛋白质的数量。一般地讲，一个成年人每天摄入60g～80g蛋白质，基本上已能满足需要。

其次，各种食物合理搭配是一种既经济实惠，又能有效提高蛋白质营养价值的有效方法。每天食用的蛋白质最好有三分之一来自动物蛋白质，三分之二来源于植物蛋白质。我国人民有食用混合食品的习惯，把几种营养价值较低的蛋白质混合食用，其中的氨基酸相互补充，可以显著提高营养价值。例如，谷类蛋白质含赖氨酸较少，而含蛋氨酸较多。豆类蛋白质含赖氨酸较多，而含蛋氨酸较少。这两类蛋白质混合食用时，必需氨基酸相互补充，接近人体需要，营养价值大为提高。

第三，每餐食物都要有一定质和量的蛋白质。人体没有为蛋白质设立储存仓库，如果一次食用过量的蛋白质，

势必造成浪费。相反如食物中蛋白质不足时，青少年发育不良，成年人会感到乏力，体重下降，抗病力减弱。

第四，食用蛋白质要以足够的热量供应为前提。如果热量供应不足，机体将消耗食物中的蛋白质来作能源。每克蛋白质在体内氧化时提供的热量是18kJ，与葡萄糖相当。但是用蛋白质作能源是一种浪费，是大材小用，而且会加重肝和肾脏的负担。

牛牛趣味集

现代疾病中的第二杀手

糖尿病可能同学们都听说过，很多人认为它是一种富贵病，对健康的影响不大。其实这是一种错误的观点，糖尿病本身可能并不是那么可怕，但是它很容易引发很多并发症，危害非常大，主要是危害心、脑、肾、血管、神经等的衰竭病变。有人说患了糖尿病，寿命要减少至少十年。因糖尿病而导致死亡的人数很多，其对人体的危害仅次于癌症，因此糖尿病被称为现代疾病中的第二杀手。

糖尿病是因为胰岛B细胞受损，胰岛素分泌太少。胰岛素能促进血糖进入组织细胞，并在组织细胞内氧化分解、合成糖原或脂肪酸，同时抑制糖原的分解和非糖物质转化为葡萄糖等，从而使血糖浓度降低。而糖尿病患者的胰岛素太少，葡萄糖进入组织细胞氧化利用发生障碍，肝糖原

分解形成的血糖和非糖物质转化形成血糖增多，这样就出现血糖过高，超过肾脏对原尿中葡萄糖的重吸收能力，因此尿液中总是含有葡萄糖。

糖尿病患者虽然血糖浓度很高，但是却不能进入组织细胞中氧化利用，而是在血管中"闲逛、无所事事"。所以细胞内能量供应不足，使得体内脂肪和蛋白质的分解加强，导致机体逐渐消瘦，同时患者也总感觉饥饿而会吃较多的食物。

糖尿病患者在排除大量葡萄糖的同时，也要带走大量的水分，就使得尿量很多，排尿次数也多。糖尿病患者血糖浓度高，会使人觉得很渴而喝较多的水。因此糖尿病患者具有血糖浓度很高，多食却身体消瘦，多尿、多饮的特点。

生活中我们应当注意些什么来减少糖尿病的发生几率呢？

1.不暴饮暴食，生活有规律。吃饭要细嚼慢咽，多吃蔬菜，尽可能不在短时间内吃大量含葡萄糖、蔗糖量大的食品，这样可以防止血糖在短时间内快速上升，对保护胰腺功能有帮助，特别是有糖尿病家族史的朋友一定要记住！

2.不要吃过量的抗生素。有些病毒感染和过量抗生素会

诱发糖尿病。

3.烟酰胺、维生素B_1、维生素B_6、甲基VB_{12}（弥可保）增强胰腺功能；在季节更替时吃维生素C、维生素E，剂量要大，可以提高自身免疫力。

4.多加锻炼身体，少熬夜。

糖尿病没有根治的方法，但可以根据患者的具体情况，采用调节和控制饮食结合药物的方法进行治疗。对于症状较轻的糖尿病患者，通过调节和控制饮食、

多参加体育锻炼

配合口服降血糖的药物，就可以达到治疗的目的。糖尿病患者在饮食上主要应该注意三点：一是不要吃蜂蜜、巧克力、糖、香蕉和糕点等食物；二是要少吃含糖类较多的食物，如马铃薯、藕、芋头等，肥肉、油炸食品等也应该尽量少吃；三是要多吃一些含膳食纤维多的食物，如粗粮和蔬菜等。对于较重的糖尿病患者，除了控制饮食外，还要按照医生的要求注射胰岛素进行治疗。对于肥胖的糖尿病患者，除了上述治疗外，还应该限制过多能量的摄入，加强体育锻炼。

脂肪过多惹的祸——肥胖

肥胖指因各种原因引起的脂肪成分过多，超过正常人的一般平均量。是否肥胖，可以用标准体重来衡量，凡是体重超过标准体重20％者为肥胖，超过10％者为超重；中国人标准体重的简便计算公式如下：

Obesity

肥胖

男性标准体重（kg）＝身高（cm）−105

女性标准体重（kg）＝身高（cm）−100

一般情况下，如果一个人多食少动，使得摄入的供能物质多，而消耗的供能物质少，处于供过于求的状态。不但来自食物中的脂肪可以储存在体内，而且体内过多的葡萄糖、蛋白质也可以转变为脂肪储存在体内，也就是进食热量超过人体消耗量，多余的热量以脂肪形式储存于体内，这样就会导致肥胖。肥胖的原因有很多，但是根本原因是能量摄入超过能量消耗。

很多肥胖的人想减肥，可是不知道怎么才能够有效的减肥。其实减肥的根本在于使热量达到负平衡（热量摄入量小于热量消耗量），但是不能损害健康。

加强有氧运动有利于减肥，运动对代谢作用有助益，可以多消耗体内的能量而减肥。但是请记住，如果没有适当的节食去配合，是不可能达到快速减肥的效果的。如果你常在运动后大吃一餐，那就无法做到减肥了。很多运动都可以助你减肥，如体操、中速度散步、中速度骑车、跑步、爬山、游泳，各种球类运动等等，都可能使你减肥，使你的身材变得苗条起来。但是，运动必须经常，动作必须用力，每天每次锻炼时间要在20分钟以上。如散步时，步履要轻快而有力，闲逛懒散地走是不能取得效果的。

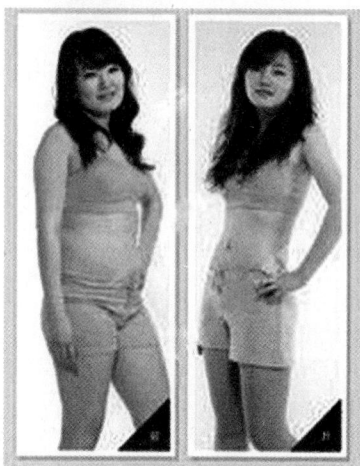

你想自己是哪种身材呢？

在饮食方面，要注意以下几点：

第一，有节制地吃。人之所以会肥胖并不是脂肪吃得多，而是一天中总的热量大于消耗。这些热量包括脂肪、碳水化合物和蛋白质。所以千万不要认为你不吃脂肪就不要紧，而是要合理控制一天中的总量。

怎么控制呢？进餐时一定要减慢进食速度，细嚼慢咽。这样有助于加快食物的消化吸收，体内血糖就会迅速升高，当血糖升高到一定水平时，大脑食欲中枢就会发出停止进食的信号；如果进食速度较快，食物消化吸收较慢，当大脑发出停止进食的信号时，这时体内的食物已经

各种运动项目

很多了。最好是吃个七八成饱就可以了。

　　第二，有选择地吃。刚才我们已经知道了有节制的吃，现在我们再来有选择的吃，尽量食用一些热量低，营养价值高的食品，这样肚子同样不饿，但摄入的热量却自然下降。优质食品列表：高蛋白食品，高纤维食品；普通食品列表：米面等主食；垃圾食品列表：高油，高糖，蛋糕、面包、饼干等副食品。总结一下要点：用优质食品替换垃圾食品，定量控制普通食品。

　　第三，有时间地吃。同样的食品，不同时间吃则大不一样，早餐要吃得相对多些，午餐其次，晚餐最少。另外睡前4小时之内不要再吃食品，饿了可以多喝水。

　　第四，少吃多餐。一般每天4~5餐为宜，促进新陈代谢，启动消化功能，同时也消耗热量。可以保持体内胰岛素水平处于较低的水平，热量转化为脂肪的几率就小。少吃多餐的好处是在摄入相同热量的前提下比集中大吃一顿贮存的脂肪少。多餐不是说要整天往肚子里填东西，只是分成多次吃，通过多次少量进食，能使人感觉不会太饿，胃肠负荷减小，也有助消化和吸收。食物的热效应能使你保持精力充沛。因为不太饿，还能增强减肥的毅力。

总之，减肥要把加强运动和控制饮食结合起来，才能有较好的效果。

"好"脂肪与"坏"脂肪

很多时候，我们谈脂肪色变，生怕脂肪长在不该长的地方，往往对一些食物敬而远之。但是脂肪是我们人体的重要有机物之一，如果没有脂肪我们将会死去。我们要摄取脂肪，但是不能摄取太多，一般的成年人每天最好摄入60-65g的脂肪。而且应当摄入更多的"好"脂肪而不是"坏"脂肪。

食物中所含的脂肪可以分为两大类：一类对健康有益，比如多不饱和脂肪，另一类则是你发胖的元凶——饱和脂肪和反式脂肪。营养学家们认为，我们摄入的脂肪中饱和脂肪的数量应小于脂肪总量的1/3，而多不饱和脂肪的总量则不应少于1/3。虽然身体可以把饱和脂肪当作能量，但你并不需要它们，相反多不饱和脂肪和油脂则是身体必

不可少的。

"好"脂肪在哪里？

我们大多数人都缺乏真正的好脂肪，不饱和脂肪。那么，这些好脂肪要去哪里找呢？答案就是——鱼（特别是深海鱼如鲑鱼、金枪鱼、三文鱼等）和种子（如亚麻籽、南瓜籽、向日葵籽、芝麻、玉米、大豆等）。但是，大多数人都没办法通过食用鱼和种子获得足够的好脂肪，那

鱼有好脂肪

种子油

么，种子油便是你最方便的选择。橄榄油、葵花籽油、玉米油、大豆油等食用油都是很好的"好"脂肪来源。

"坏"脂肪在哪里？

一般来说，有害脂肪多存在于动物类食品中，如牛肉、猪肉、牛油、禽肉、黄油、牛奶和奶酪中。少数植物油中的饱和脂肪也很高，比如椰子油、棕榈油和可可油。

虽然我们都知道饱和脂肪对苗条的身材和健康的身体都是有危害的，但是我们并不能随时监测饱和脂肪的摄入量。那么，下面的几招就能让你轻松控制"坏"脂肪的摄入。

1. 聪明替换饮食中的肉类：白肉含有的饱和脂肪比红

肉少，没皮的肌肉含有的饱和脂肪则比有皮的少三分之一以上。在饮食中只要稍作替换，就可以少摄入很多饱和脂肪哦。

2. 用液体脂肪替换固体脂肪：含有液体脂肪、不饱和脂肪的有橄榄油、菜籽油和玉米油；含有固体脂肪即饱和脂肪的食物有黄油、猪油等。

3. 选择低脂的乳制品：半脱脂、脱脂牛奶或低脂酸奶

肥肉

椰子油

都是不错的选择。

4. 买食品时先检查食品的营养标签，搞清楚你要吃的食物到底含有多少饱和脂肪。

5. 改变烹调方式：研究发现，肥肉经过长时间的烹煮，饱和脂肪酸可以减少一半。因此，吃肥肉宜炖煮、不宜爆炒。

脂肪堆积在肝中——脂肪肝

当脂肪摄入太多，肝脏就要把多余的脂肪合成脂蛋白，从肝脏中运出去。磷脂是合成脂蛋白的重要原料，如果肝脏功能不好，或是磷脂等的合成减少，肝利用脂肪合成脂蛋白的过程受阻，脂肪就不能顺利地从肝脏中运出去，因而造成脂肪在肝脏中的堆积，形成脂肪肝。

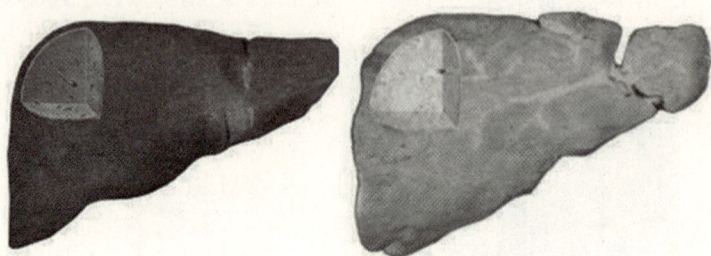

正常肝　　　　　　　　脂肪肝

肝脏是人体内最大、功能最多、物质代谢最活跃的实质性腺体器官。它参与人体消化、排泄、解毒以及糖、脂肪、蛋白质等代谢功能，是一个维持人体正常生命活动的不可缺少的重要器官。因此，一旦肝内细胞被大量脂肪浸润而成为肝细胞变性的脂肪肝，必然会使肝脏的正常结构发生系列改变，不同程度地影响人体的消化功能和肝脏正常的代谢功能，使人体相关机能，如生化、血浆蛋白、血脂、肝功能、内分泌系统等异常变化。此外，还影响视力。长期发展下去，可能使肝细胞坏死，结缔组织增生，最终造成肝硬化，甚至转化为肝癌。

脂肪肝喜欢选择的"对象"有：

1.嗜酒、酗酒的人：大量酒精进入体内，主要在肝脏分解代谢。由于酒精对肝细胞有较强的直接毒害作用，可使脂库转运到肝脏的脂肪增加，并减少肝内脂肪的运出，使肝对脂肪的分解代谢发生障碍。所以长期饮酒及酗酒的人，肝内脂肪酸最易堆积于肝脏，造成酒精性脂肪肝。

2.肥胖的人：通过肝组织活检资料发现，约有50%的肥胖症患者有合并脂肪肝。国内有学者调查发现，10个"胖墩儿"8个脂肪肝。其主要原因是肥胖者血液中含有大量游离脂肪酸，源源不断地运往肝脏，大大超过了肝脏的运输代谢能力便会引起肝脏内脂肪的堆积而造成肥胖性脂肪肝。

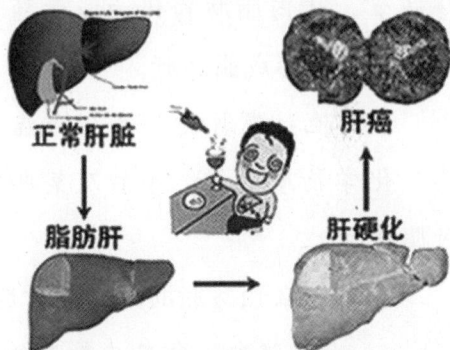

3.营养过剩的人：营养过剩，尤其是偏食荤菜、甜食的人，由于过食高脂、高糖食物，使肝脏负担增大，干扰了对脂肪的代谢，使平衡状态发生紊乱，造成营养过剩性脂肪肝。

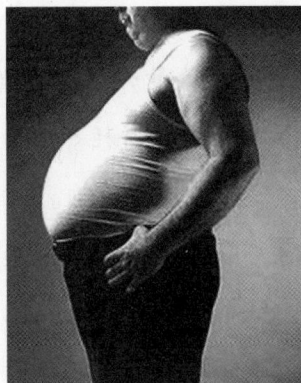

4.营养不良的人：人为的节食、长时间的饥饿、神经性厌食、

胖子易患脂肪肝

肠道病变引起吸收不良、热能供应不足、蛋白质供应低下，大量脂肪酸从脂肪组织释出进入肝脏，使肝内脂肪蓄积而造成营养不良性脂肪肝。

5.活动过少的中老年人：进入中老年之后，由于生理机能减退，内脏功能退化，代谢功能下降，若活动及体育锻炼减少，体内脂肪转化为能量随之减少，过剩的脂肪易于堆积肝脏而形成脂肪肝。

6.其他：患肝炎、高脂血症、糖尿病等疾病，药物中毒、化学物质中毒、孕妇及某些家族性代谢性疾病均可导致脂肪肝。

我们怎么预防脂肪肝，减少脂肪肝的发生？

1. 合理膳食，每日三餐膳食要调配合理。

做到粗细搭配营养平衡，足量的蛋白质能清除肝内脂肪，此外应吃些含卵磷脂的食物。

2. 适当运动。每天坚持体育锻炼，可视自己体质选择适宜的运动项目，如慢跑，打乒乓球、羽毛球等运动。要从小运动量开始循序渐进逐步达到适当的运动量，以加强体内脂肪的消耗。

3. 慎用药物。肝脏是人体的化工厂，任何药物进入体内都要经过肝脏解毒。所以平时不要动不动就吃药。对出现症状的脂肪肝患者，在选用药物时更要慎重，谨防药物的毒副作用，特别对肝脏有损害的药物绝对不能用，避免进一步加重肝脏的损害。

4. 此外心情要开朗，不暴怒，少气恼，注意劳逸结合等也是相当重要的。

冒充蛋白质的骗子——三聚氰胺

我想同学们一定听过三聚氰胺毒奶粉事件。因为吃加了三聚氰胺的奶粉已经造成很多婴幼儿肾脏结石，肾积水最终导致肾衰竭甚至死亡。为何商家要在奶中加三聚氰胺呢？这主要是因为三聚氰胺可以冒充蛋白质。

奶粉中加三聚氰胺

蛋白质是重要的营养物质，衡量食品的营养成分时，要测定蛋白质含量。但由于蛋白质组成及其性质的复杂性，直接测量蛋白质含量技术上比较复杂，成本也比较高，不适合大范围推广。所以，通常通过检测食品中氮原子的含量，然后通过一定的换算系数来间接推算蛋白质的含量。因此蛋白质含量的骗子——三聚氰胺就是钻了这个空子。

一般的蛋白质中含氮量为16%左右，而三聚氰胺的分子式含氮量为66%左右，所以三聚氰胺被称为"蛋白精"。而我们是通过测出含氮量来估算蛋白质含量，因此添加三聚

氰胺会使得食品的蛋白质测试含量偏高，就容易受到消费者的欢迎，但实际上蛋白质含量并没有提高。此外，生产工艺简

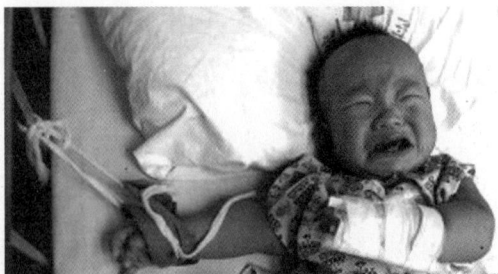

吃加三聚氰胺的奶粉而患肾结石的小孩

单、成本很低，给了掺假、造假者极大的利益驱动。有人估算在植物蛋白粉和饲料中使蛋白质增加一个百分点，用三聚氰胺的花费只有真实蛋白原料的1/5。

但是长期较大量三聚氰胺摄入可引起生殖、泌尿系统的损害，膀胱、肾部结石，并可进一步诱发膀胱癌。婴幼儿以奶粉为主要食物，就会摄入大量的三聚氰胺，因此对婴幼儿危害很大。

全球最好的天然蛋白质类食品——螺旋藻

螺旋藻营养非常丰富，是目前来说全球最好的天然蛋白质类食品。特有的藻蓝蛋白，能提高人的免疫力；另外，螺旋藻还含有极为丰富的各种维生素、矿物质、微量元素，且都极易被人体吸收。螺旋藻还含有丰富的人体必需不饱和脂肪酸、抗辐射的螺旋藻多糖以及丰富的叶绿素；整个螺旋藻不含胆固醇。

螺旋藻的作用一：补充营养。螺旋藻作为最优质的天然蛋白质食物，因其所含营养物质丰富且不含胆固醇，营养价值极高，是需补充营养者的理想食品。螺旋藻用来补充营养时，一般选在饭后服用。

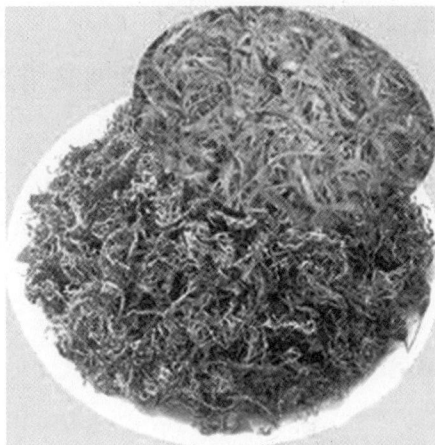

螺旋藻的作用二：帮助减肥。螺旋藻本身营养丰富，还容易让人有饱腹感，因此饭前和水服下，可以起到帮助增加饱腹

螺旋藻

感，减少食量的作用。需要注意的是，螺旋藻不能完全代替正餐哦！不能拿螺旋藻当饭吃。

螺旋藻的作用三：中老年人保健。中老年人身体进入衰退期，高血压、心脏病等疾病常见，螺旋藻中的藻蓝蛋白可以增强免疫力，多种维生素和微量元素帮助中老年人补充营养，大量的γ－亚麻酸可以帮助降低血脂、调节血压、防治心脑血管疾病。

螺旋藻的作用四：帮助改善小儿厌食症。螺旋藻中丰富的微量元素、维生素和矿物质极易被人体吸收，锌、铁等含量比例基本与人的需求一致。因此，小儿厌食症的孩子服用能补充微量元素，增加食欲。

螺旋藻的作用五：抗辐射。螺旋藻中特有的螺旋藻多糖有很好的抗辐射作用，可以帮助放疗、化疗的病人改善因辐射引起的副作用，是适合放疗、化疗病人食用的保健

食品。

　　此外，螺旋藻的作用还有改善贫血、改善过敏体质等等。

第五章　植物 "喝水" 和 "吃饭"

我们人每天都要 "喝水" 和 "吃饭"，其实植物也是一样。跟上 "牛牛" 的脚步，一起来探究植物是怎么 "喝水" 和 "吃饭" 的。

植物喝水

植物为何要喝水?

水是生命之源，没有水，也就没有生命。我们人要喝水，每天都要喝8杯水（约2000cc）最有益健康。同样地，植物也要喝水。养花要经常浇水，农田要合理灌溉……如果植物缺水，将会萎蔫甚至死亡。

在水分严重缺乏的地方，植物喝不到足够的水，很难有植物生长。比如，有些沙漠由于水太少而寸草不生；一般雨水充足的地区，植物的种类就多，且生长茂盛（如热带雨林）。

沙漠上的不毛之地

热带雨林茂密的植物

水是植物体的重要组成部分，口渴时吃些水果就能解渴。据科学家统计，瓜果的果肉含水量可超过90%，幼嫩的叶子80%左右，树干平均50%，水生植物则含水98%以上。

水使植物硬挺，保持直立的姿态，使叶片舒展，从而有利于光合作用。

喝水有利于无机盐的吸收，无机盐只有溶解在水中才能被植物吸收，并运输到植物体的各个部位。

植物体内新陈代谢需要水，有些物质要溶解在水中才能发生反应。此外，水作为反应物参与新陈代谢的化学反应，比如在光合作用、呼吸作用、有机物质的合成和分解的过程中，都有水分子参与。

植物用根喝水

我们人用嘴巴喝水，植物用什么喝水呢？我们常见的植物主要有六大器官，根、茎、叶、花、果实、种子。植物主

花
果
种
实
子
叶
茎
根

油菜

植物六大器官

要用根喝水（从土壤中吸收水分）。

根吸收水分最活跃的部位是根尖成熟区，成熟区长有大量的根毛。种子发芽长出幼根，上有白色的"绒毛"，这就是我们所说的根毛。这么多的根毛可增加根与土壤的接触面积，增加了吸水的表面积，提高根吸水的效率。

在农业生产中，移栽植物时一般

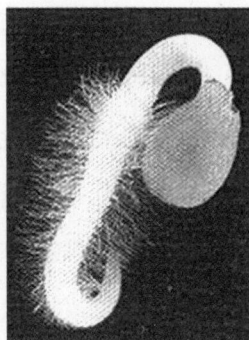

幼根

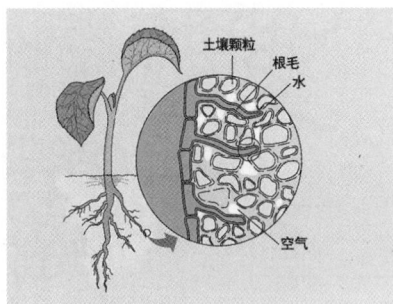

根毛增大与土壤接触面积

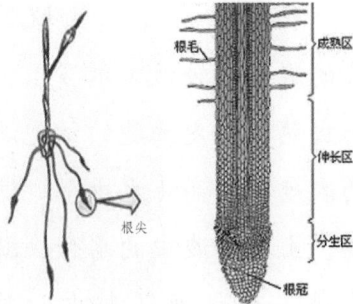

根尖的结构

要带土移栽，主要是因为要保护幼嫩的根尖（根毛），使根尖仍旧可以从被夹带的土壤中获取水分和营养物质，从而有利于植物的成活。

成熟的植物细胞中央有个大液泡，里面是细胞

带土移栽保根尖

液，是含有多种有机物和无机物的复杂的水溶液，如含有无机盐、生物碱、糖类、蛋白质、有机酸以及各种色素等代谢物，所以细胞液的浓度较高。液泡与植物细胞的水分代谢密切相关。

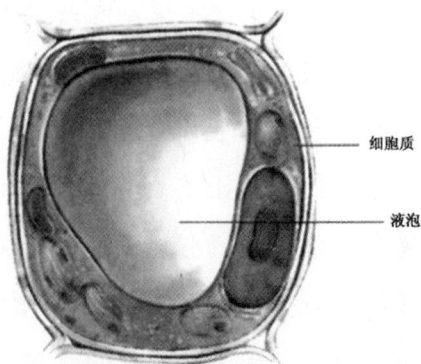

细胞质

液泡

植物细胞的液泡

通常情况下，土壤溶液的浓度比较低（水多），而成熟区表皮细胞的细胞液的浓度比较高（水少）。这样，土壤溶液中的水分，就能进入到成熟区表皮细胞中，并且通过成熟区表皮以

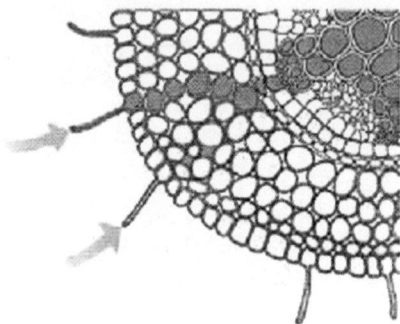

水分进入根中的途径

内的层层细胞向内渗入，最终进入植物导管。此外，土壤中的水分，还可以通过成熟区表皮细胞的细胞壁以及成熟区表皮细胞以内层层细胞之间的细胞间隙向里渗入，最终也进入导管。

根吸水共分享

植物的根喝饱了水，可它还想到其他部位（如叶、花等部位），要把它吸收的水分运送给其他部位啊，因为它

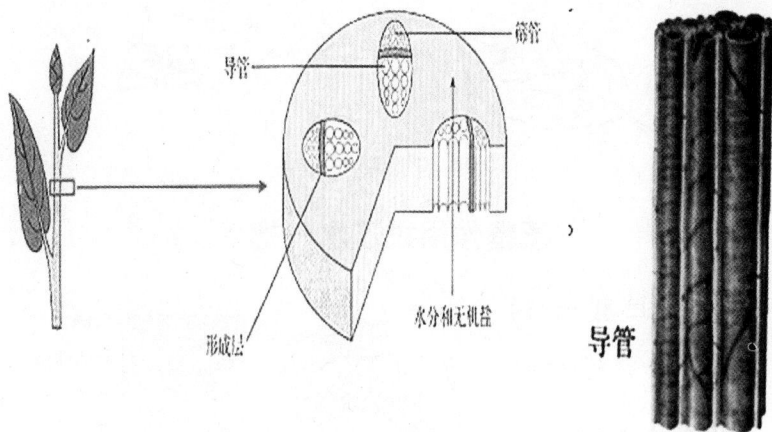

筛管

导管

水分和无机盐

形成层

导管

茎横截面

知道有水要一起喝。这就要用到植物的导管。每根导管是由许多长形的、管状的细胞者组成的。

实际上，导管广泛的分布在植物的根、茎和叶内，这些导管是连接贯通的。根从土壤中吸收水分后，就是通过导管运输到植物的各个部位。

植物根茎叶导管相连通

和导管一起的还有筛管（蓝色部分），筛管主要是把叶片中光合作用合成的有机物运输到植物的各个部位，是有机物的运输通道。

我们可以清楚地看到叶片中的叶脉，叶脉中就有导管和筛管。

叶片中的叶脉

蒸腾作用拉了水一把

地板上有一桶水，我们要把它提起来，需要我们施加一个向上的拉力。同样的植物的根吸收水分，然后要运输到植物的各个部位，也就是把水从植物的下部运往上部，这就需要一个力量来把这些水拉上去，这个力量就是蒸腾作用。蒸腾作用把植物根吸收的大部分水分从活的植物体表面（主要是叶子）以水汽状态散失到大气中。据科学家估算，植物根吸收的水分一般只有1%～5%保留在植物体内，参与光合作用和呼吸作用等生命活动，其余的水分几乎都通过蒸腾作用散失掉了。

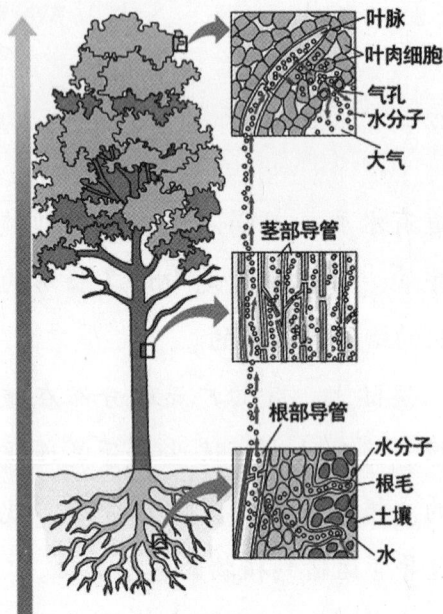

蒸腾作用散失水分

原来叶片表面上有气孔，只要气孔是张开的，水分就

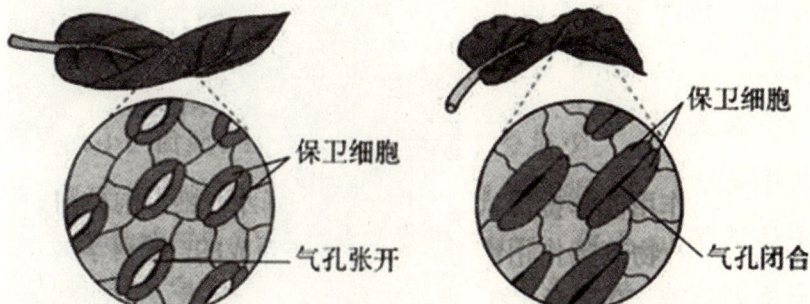

会从气孔中散失掉。气孔是植物蒸腾失水的"门户",同时也是气体交换的窗口(如二氧化碳和氧气的进出)。通常气孔在白天时张开,夜晚关闭。白天气孔张开,二氧化碳从气孔中进入叶片内,进行光合作用。夜间无光,不能进行光合作用,所以大多数气孔缩小或关闭以节省水分。

一般情况下,如气温较高、空气比较干燥、空气流动比较快,这些因素都会加强蒸腾作用。

在移栽白菜时,往往去掉一些大叶片,是因为刚栽种的白菜的根不能很快从土壤中吸水,去掉几片大叶片可减弱蒸腾作用,减少水分散失,避免造成刚栽种的白菜体内失水过多,而提高成活率。

蒸腾作用散失大量水分浪费吗?

植物根吸收的水分有95%～99%通过蒸腾作用散失掉了,只有少部分保留在植物体内,参与新陈代谢。植物的这种蒸腾作用是不是一种天大的浪费呢?实际上不是的,植物的蒸腾作用虽然散失了大部分水,但是是值得的,因

为他对植物有重要的作用。

在炎热的夏天，一只手是干燥的，另一只手沾满了水，沾满水的手感到凉爽，这是因为水分蒸发会带走手上的热量。同样的，植物通过蒸腾作用散失的水分，带走了植物体内一部分热量，降低植物体的温度，使植物体不至于在炎热的夏天受高温的伤害。这也是为何大树底下气温较低、好乘凉的一个重要原因。

大树底下好乘凉

我们用塑料吸管喝饮料时，如果不用嘴用力吸，饮料就不能进入到口中，因为缺少使饮料沿着吸管上升的动力。同样的，蒸腾作用提供了这么一个拉力，使水和无机盐沿着导管从下往上运输到植物的各个部位，同时也可以促进根从土壤中吸收水分。

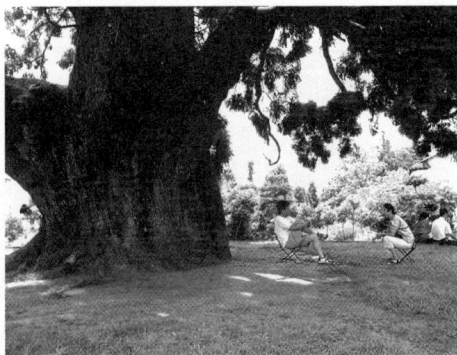

用力吸饮料

植物"吃饭"

植物吃矿质元素

一般的植物从土壤中吃到自己需要的矿质元素，矿质元素一般存在于土壤的无机盐中。无机盐只有溶解在水中形成离子，才能被植物的根尖吸收。例如，硝酸钾溶解在水中，形成K^+和NO_3^-，K和N这两种矿质元素分别以K^+和NO_3^-的形式被根尖吸收。所以矿质元素主要是以无机盐离子的形式被根尖吸收的。

植物需要吃哪些矿质元素呢？目前，科学家确定植物必需的矿质元素有14种。其中，氮（N）、磷（P）、钾（K）、钙（Ca）、镁（Mg）、硫（S）等6种元素植物需要量相对较大，在植物体内含量相对较高（占干重的0.01%~10%），称为大量元素；另外，铁（Fe）、锰（Mn）、铜（Cu）、锌（Zn）、硼（B）、钼（Mo）、氯（Cl）、镍（Ni）等8种元素植物需要量极微，在植物体内含量非常低（占干重的10^{-5}%~10^{-2}%）却是必要的，称为微量元素。如果植物缺乏了这些必需的矿质元素，就不能正常生长，引发一些病，甚至死亡。

因为植物只能通过吸收溶解在水中的无机盐离子来吸收矿质元素，所以人们曾经以为根对水分的吸收和对矿质元素的吸收是同一个过程，吸水量和吸收矿质元素的量成正比的。后来科学实验证明这种观点与事实不符。例如，

有的科学家曾经用菜豆做过实验，发现菜豆的吸水量增加约1倍时，K^+、Ca_2^+、NO_3^-、PO_4^{3-}等矿质元素离子的吸收量同原来各自的吸收量相比，只增加$0.1 \sim 0.7$倍。又如，有不少实验甚至得出这样的结果：植物的吸水量减少时，某些矿质元素的吸收量反而增多。可见无机盐中的矿质元素虽然要溶解在水中才能被吸水，但是植物对水分的吸收和对矿质元素的吸收不是同一过程。科学家通过研究发现，土壤溶液中的矿质元素透过根尖成熟区表皮细胞的细胞膜进入细胞内的过程，不仅需要细胞膜上的载体蛋白的协助，而且还需要消耗细胞呼吸作用释放的能量。

矿质元素进入根尖成熟区表层细胞以后，随着水分最终进入根尖内的导管，并且进一步运输到植物的各个器官中。有些矿质元素（如钾离子）进入植物体以后，仍然呈离子状态，因此容易转移，能够被植物体再度利用。有些矿质元素（如N、P、Mg）进入植物体以后，形成不够稳定的化合物，这些化合物分解以后，释放出来的矿质元素可以转移到其他部位，被植物体再度利用。例如，Mg是合成叶绿素所必需的一种矿质元素，当叶绿素被分解掉以后，Mg就可以转移到叶内新的部位，被再度利用来合成叶绿素。有些矿质元素（如Ca、Fe）进入植物体以后，形成难溶解的、稳定的化合物（如草酸钙），不能被植物体再度利用。这就是说，有些矿质元素在植物体内可以被再度利用，有些矿质元素则只能利用一次。

合理施肥

不论是花、草、树木还是农作物，它们在一生中都需要不断地从外界吸收必需的矿质元素。不同植物对各种必需的矿质元素的需要量不同，同一种植物在不同的生长发育期对各种必需的矿质元素的需要量也不同。我们要把握植物的需肥规律，适时地、适量地施肥，以便使植物体茁壮成长，并且获得少肥高效的结果，这就是合理施肥。

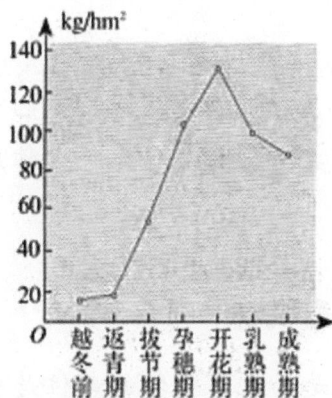

小麦不同生长发育期对K的需要量不同

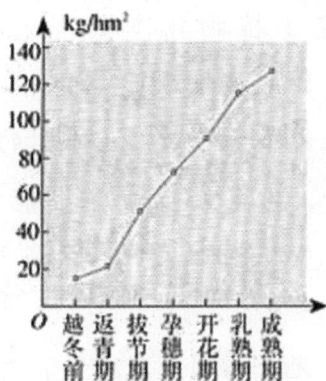

小麦不同生长发育期对P的需要量不同

植物吃二氧化碳

植物用叶片吃空气中的二氧化碳。在前面我们已经了解到，叶片的表面有气孔，气体可以通过气孔进出叶片细胞。通常情况下，在白天，植物叶片的气孔会打开，二氧化碳就会通过气孔进入到叶片细胞中，从而进行光合作用。

植物叶片吃二氧化碳用来光合作用。二氧化碳和植物吸收的水在叶片的叶绿体中进行光合作用，产生有机物并释放出氧气。产生的有机物用来构建了植物体本身，因此植物才可

光合作用

以长大，才可以结出香甜的果实，此外还作为呼吸作用的原料，为其生命活动提供能量。

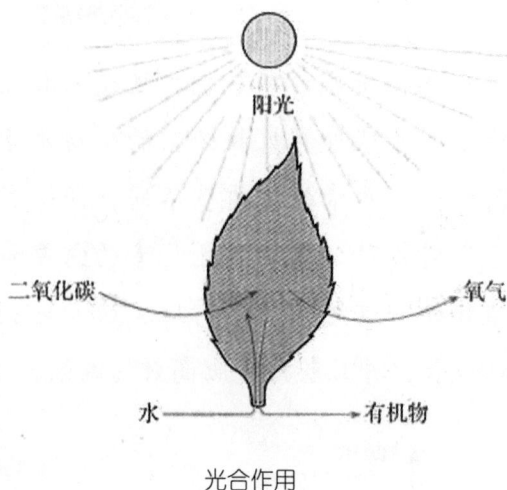

叶片分享有机物

光合作用是在叶片，也就是产生有机物的部位是在叶片中，但是植物可以通过筛管把叶片中合成的有机物运输到植物的其他各个部位。比如我们吃过的甘薯，那里面的有机物就是由甘薯的叶通过筛管运输到根，然后储藏起来的。还有那甜甜的甘蔗、水稻等，其中的有机物也都是从叶运输到其他器官的。

筛管

甘薯

小小科学家

探究水在茎和叶里运输的管道

我们伸出我们的双手，观察一下手背的皮肤下面有没有一根根管子状的"青筋"，那就是我们的血管。其实血管分布在我们全身各个部位，血液在其中流淌。同样的，植物的身体内也有管道联通着植物的各个部位，其中有一根是水在其中运输的管道。今天我们就来看看这根管道。

需要什么材料

红色的食用色素或红墨水、一根带叶的枝条（比如芹菜茎、柳枝、迎春花）、一个玻璃瓶、一把剪刀。

我来动动手

先往玻璃瓶中导入一些水，再加入一点食用色素或红墨水，混匀，然后取来带叶的枝条，插入玻璃瓶中红色的水里。

在太阳光下照射几个小时（3~4个小时），观察叶

脉是否变红，用剪刀把茎剪断，看看横切面上能发现什么（是否出现红色斑点）。

发生了什么？

实验结果可以看到，叶脉逐渐变红，茎也变得稍微有些红。枝条的横切面可以看到红色的小斑点。

什么原因？

其实实验结果中看到的红色的小斑点就是水分运输的管道的横切面。这些茎中的管道一直通向叶片，与叶脉相连通。红色的水沿着管道运输，就使得管道也变红了（横切面出现红色小斑点），叶脉变红了。

探究植物细胞吸水和失水与外界溶液浓度的关系

需要什么材料

新鲜白萝卜、显微镜、刀片、镊子、烧杯两个、实验天平一个、清水、质量分数为20%的食盐水、标签、胶水等。

我来动动手

1. 制作白萝卜条：把新鲜白萝卜用刀片切成宽厚相同的两个萝卜条，在天平上称重，用刀片切修，使两个萝卜条质量相同，并记录重量。

2. 将两个烧杯编号，分别贴上1号和2号标签。在1号烧杯内装入清水，在2号烧杯中装入等量的质量分数为20%的食盐水，将两个白萝卜条分别放入两个烧杯中10~15分钟。

3. 用镊子取出两个萝卜条，晾干、称重并记录重量，计算清水中的硬萝卜条吸收了多少水分，食盐水中的软萝卜条失去了多少水分。并填入下表：

试管编号	溶液	萝卜条		
		变软或变硬	重量减轻或增加	吸水或失水
1	清水			
2	20%盐水			

发生了什么？

在清水中的萝卜条变硬了，重量增加了；

在盐水中的萝卜条变软了，重量减轻了。

什么原因？

一般的，当外界溶液浓度大于植物细胞细胞液浓度时，植物就失水，那么在20%盐水中的萝卜条就会变软，重量就会减轻；当外界溶液浓度小于植物细胞细胞液浓度

时，植物细胞就吸水，那么在清水中萝卜条就会变硬，重量增加。

植物也会吐水

吐水现象在盛夏的清晨，我们经常会见到一些植物的叶片尖端和边缘处，垂挂着一颗颗亮晶晶的水珠，几乎围绕着叶子周边。这种现象叫露珠，露珠一般水滴较

植物吐水

小（当然如果水滴集聚在一起也比较大）且总是布满整张叶片，这种现象就是植物吐水现象。

原来，在植物叶片的尖端或边缘有一种小孔，叫做水孔，和植物体内运输水分和无机盐的导管相通，植物体内的水分可以不断地通过水孔排出体外。平常，当外界的温度高，气候比较干燥的时候，从水孔排出的水分就很快蒸发散失了，所以我们看不到叶尖上有水珠积聚起来。如果外界的温度很高，湿度又大，高温使根的吸收作用旺盛，湿度大抑制了水分从气孔中蒸散出去，这样，水分只好直接从水孔中流出来，这种现象叫做"吐水现象"。吐水现象在盛夏的清晨最容易看到，因为白天的高温使根部的吸

水作用变得异常旺盛，而夜间蒸腾作用减弱，湿度又大，可根还在不停地吸水，植物就会把多余的水分从叶片边缘的小孔处吐出来。

吐水可作为根系正常活动的一种标志。水稻秧苗栽插后，出叶片现吐水，说明水稻秧苗已经长出了新根。

无土栽培

我们常见的、一般的农作物都是长在土壤中，因为土壤能给植物提供需要的矿质元素并固定植物。无土栽培，就是不用天然土壤来栽培植物，而是把植物生长发育过程中所需要的各种矿质元素，按照一定的比例配置成营养液，并用这种营养液来栽培植物。为使植株得以竖立，常用石英砂、锯屑、塑料等作为支持介质。

无土栽培

无土栽培

无土栽培最大的特

点就是用人工创造的根系生活环境，来取代土壤环境，营养液成分易于控制，而且可以随时调节。这样可以做到用人工的方法直接调节和控制根系的生活环境，从而使植物能够良好的生长发育。

与常规的土壤栽培相比，无土栽培有很多优点。第一，全年都可以栽培，并且产量高。例如，我国在温室内通过无土栽培种植的番茄，年产量可以高达175000千克每公顷。第二，节水节肥，产品清洁卫生，有利于实现农作物栽培的工厂化和自动化。第三，沙滩地、盐碱地、海岛以及楼顶、阳台等不适应栽种农作物的地方都可以进行无土栽培，这就扩大了农作物栽培的范围和面积。

无土栽培具有一次性投资较大，需要增添很多设备，需要较高的无土栽培技术，如果营养源受到污染，就容易蔓延等缺点。

目前，我国无土栽培主要用于温室大棚中蔬菜、水果、花卉的栽种。

烧苗

一般情况下，植物根毛细胞液的浓度总是大于土壤溶液的浓度，于是土壤溶液里的水分就通过根毛的细胞壁、细胞膜、细胞质渗透到液泡里，随后逐步渗入到表皮以内的层层细胞，最后进入导管，由导管输送到茎、叶等其他器官。但如果一次施肥过多或过浓，就会造成土壤溶液的浓度大于根毛细胞液的浓度，结果使根毛细胞液中的水分渗透到土壤溶液中去。这样根毛细胞不但吸收不到水分，反而还要失去水分，从

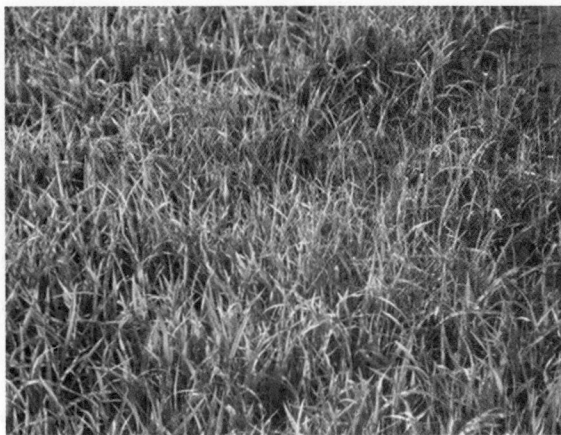

施肥过多导致烧苗

而使植物萎蔫，严重时就像被烧过一样，即俗话说的"烧苗"。

烧苗是因为施肥浓度太高，使得植物根系无法从土壤中吸收水分，所以它的表现类似于忍受干旱的植物，即：

1. 生长停止，或明显减慢。

2. 叶片发黄，质地变软，边缘卷曲，叶片尖端逐渐枯黄。

施肥时要注意不能太多，要施得均匀，避免某一处肥料施得过多。

用糖或盐腌制的蔬菜在短时

糖拌黄瓜

间内会变软萎蔫，而且会腌出水来。这也是因为细胞外的浓度比细胞的细胞液中的浓度高，而使得细胞失水。

盐碱植物的生存策略

把植物组织浸在一定浓度的盐水里，植物细胞就会因过度失水，发生质壁分离，导致细胞死亡，植物萎蔫。一般来说，当土壤里含盐量超过1%以上的土壤，农作物就很难生长，只有少数耐盐性特别强的野生的盐生植物能够生长。那么盐生植物到底是如何适应盐化土壤的呢？根据研究，人们发现盐生植物有这么几种生存策略：忍盐、拒盐和泌盐。

忍盐植物把根吸收进来的盐分排到液泡（盐泡）里，同时还能阻止盐分再回到原生质里，所以人们又称它们为"聚盐植物"，如碱蓬、盐角草等。由于这类植物细胞里含盐分较多，浓度大，所以能从土壤中吸收到别的植物难以吸收到的水分。或者说土壤里的水分子更容易进入到植物体内。所以，他们是盐生植物的佼佼者。

拒盐植物的

怪柳

根部细胞中积累有大量的可溶性碳水化合物，以提高渗透压，使根细胞有很强的吸水能力；另一方面，它们的细胞膜对盐分透性

滨藜

很小，犹如一道天然的屏障，把盐分拒之体外。这样根系在吸收水分时，可以不吸收或少吸收盐分，所以不会受到盐害，如长冰草、海蒿等植物就有这种奇妙的本领。

泌盐植物又叫排盐植物，这类植物能像人出汗一样，把盐分排除体外。如柽柳、匙叶草以及红树等，它们生长在盐分较多的环境中，虽然吸收了大量的盐分，但却能通过吐盐结构——泌盐腺，将盐排出体外，这样就避免了盐分的危害。

还有一类稀盐植物。它们生长在盐碱土中，当体内吸收了大量盐分时，便通过快速生长而吸收大量水分，来稀释细胞中的盐分浓度，如滨藜属和落地生根属中的一些植物，便具有这种本领。

地下水库——保水剂

保水剂最先是由美国农业科学家发明的，二十多年来

已在世界许多地区"生根发芽"。保水剂其实是一类有机高分子聚合物，这类物质分子结构交联成网络，本身不溶于水，却可以吸收自身重量100～250倍的水，变成一种凝胶状态。它吸收的水缓慢地释放，恰好可以供植物的种子和根部缓慢吸收。保水剂就像微型水库，可以反复释放和吸收水分，具有很强的储水功能，使用较长时间后可以老化分解，残余物还可以被植物吸收，对土壤和植物有益无害。实际上，保水剂名为"保水"，其能力却不限于此，它还可与农药、肥料和生根粉等结合使用，使它们缓慢释放，提高利用率。

作为花草树木的"地下水库"，保水剂的节水节肥功能很好，在0.1％至0.3％拌土使用下，节水可达50％～70％，节肥30％以上，而且，还有提高土壤的通透性和保湿的效果。对于草坪，北方地区返青期可提前10天，绿期可以延长两周。使用了保水剂的植物，看上去粗壮有力，抗病能力大大增强。

蒸腾之功——调节气候，增加降水

一棵中等高大的桉树，一年要从土壤中吸水近4000kg，一个夏季每棵树平均蒸腾2吨水分。

森林上空的空气湿度比无林区高达10～25％，比农田高5～10％；而且当大气水分过多时，植物能够通过它的根茎叶花果实，将其吸收贮藏起来。

据测定，一公顷树木增加的空气湿度相当于相同水面的10倍。配置合理、结构和树种得当的生态风景林可增加空气相对湿度45%。

"大树底下好乘凉"，在炎热的夏季，绿化状况好的绿地中的气温比没有绿化地区的气温要低3～5℃，如我们测定居住区绿地与非绿地气温差异为4.8℃。

森林可以增加降水量

按每公顷生长旺盛的森林，每年向空中蒸腾8000吨水分计算，大约要消耗40亿千卡热量。北京市建成区的绿地，每年通过蒸腾作用释放4.39亿吨水分，吸收107,396亿焦耳的热量。这在很大程度上缓解了城市的热岛效应，改善了人居环境。

据测定，一株直径20厘米的槐树相当于3台1200瓦的空调的降温效果。1公顷的绿地，在夏季（典型的天气条件下），可以从环境中吸收81.8兆焦耳的热量，相当于189台空调机全天工作的制冷效果。

　　根据对爬山虎对住房夏季降温和增大湿度效益的测定，夏季能降低外墙面平均温度3.79℃，降低室内温度1.6~2.6℃，增加室内平均相对湿度5.25％。测定表明，有绿墙面比光墙面减少50％的辐射。

　　值得注意的是，在严寒的冬季，绿地对环境温度的调节结果与炎热的夏季正相反，即在冬季绿地的温度要比没有绿化地面高出1℃左右。

　　据测定，夏天绿地中地温一般要比广场中白地温度低10~17℃，比柏油路低12~22℃；冬季草坪地表平均高3~4度。

　　据统计，林地降雨量比无林地平均高16~17％，最低多3~4％。

植物缺乏某些必需矿质元素的症状

　　氮（N）　缺氮时，蛋白质、核酸、磷脂等物质的合成受阻，植物生长矮小，分枝、分蘖很少，叶片小而薄，花果少且易脱落；缺氮还会影响叶绿素的合成，使枝叶变黄，叶片早衰甚至干枯，从而导

致产量降低。因为植物体内氮的移动性大，老叶中的氮化物分解后可运到幼嫩组织中去重复利用，所以缺氮时叶片发黄，由下部叶片开始逐渐向上，这是缺氮症状的显著特点。

磷（P）缺磷时植株特别矮小，根系不发达，新叶色深，呈现不正常的暗绿色、果小，成熟延迟。

磷在体内易移动，也能重复利

缺P大麦生长矮小、叶色深绿

用，缺磷时老叶中的磷能大部分转移到正在生长的幼嫩组织中去。因此，缺磷的症状首先在下部老叶中出现，并逐渐向上发展。

钾（K）缺钾时，植株茎秆柔弱，易倒伏，抗旱、抗寒性降低，易感染病虫害，叶变褐色焦枯而逐渐坏死。果小、味酸、着色不良，果肉木质化，结实小或种子很少。

水稻缺钾

缺钾的葡萄和正常的葡萄

镁（Mg） Mg是叶绿素的组成成分之一。缺乏镁，叶绿素不能合成，其特点是首先从老叶（即下部叶片）开始，叶肉变黄而叶脉仍保持绿色，若缺镁严重，则形成褐斑坏死。严重缺镁

番茄缺镁
老叶叶脉间组织黄白失绿坏死

时，果实未能正常成熟，且果小，着色不良，缺乏风味，加重果实贮藏生理病害。开花受抑制，花的颜色苍白。

锌（Zn） 缺锌时，植株矮小，易患小叶病。新梢顶部叶片狭小，脆厚，枝条细弱，节间变短，叶片沿叶脉线失绿或边缘失绿。轻度缺锌脉间驳杂色易与缺镁混淆。

柑桔缺锌小叶症伴叶脉间失绿

铁（Fe） 铁是不易重复利用的元素，因而缺铁最明显的症状是幼芽幼叶缺绿发黄，甚至变为黄白色，而下部叶片仍为绿色。土壤中含铁较多，一般情况下植物不缺铁。但在碱性土或石灰质土壤中，铁易形成不溶性的

大豆缺铁

化合物而使植物缺铁。

硼（B）缺硼时，植株分枝多，花药和花丝萎缩，花粉发育不良，受精不良，籽粒减少。落蕾落果加重，坐果率低，果小，色浅、畸形，无种子或无种皮，仁果

油菜缺硼"花而不实"

类果实木栓化，褐色病斑开裂、干腐或水浸状，果实上产生穿孔斑，有明显苦味、坏死、早落。

洗衣树——自然界的"洗衣机"

仔细地看看图片，你一定很奇怪为什么洗衣的女子要把衣服绑在树干上呢？其实，图画描述的是位于地中海南岸的阿尔及利亚居民们在河畔、清溪边，头顶蓝天，肩负脏衣，笑语喧哗地用"洗衣树"洗衣的情景。

洗衣树

在阿尔及利亚有种能洗衣的树——普当，是一种生长在碱性土壤上的常绿乔木。它枝粗叶阔，浑身赭红，远看犹如漆红的柱子。细心

161

观察，会发现树皮上许许多多的细孔，并且有黄色的汁液流出。而这些液体里富含大量碱性物质，具有很强的去污作用。普当在当地语言中的意思是"能除污秽的树"。用它洗涤衣物，洁净清爽，因此人们也称它为"洗衣树"，洗衣服时只要把脏衣服捆在树身上，几小时后，在清水中漂洗一下，就很干净了。

那么，为什么普当会流出富含碱性的液体呢？原来，阿尔及利亚暑酷冬暖，树叶的蒸腾作用极大，为了补偿失去的水分，树根须从土壤中吸收大量含碱的水分，而阿尔及利亚地区又是著名的盐碱性土地，这就给普当树的自身健康带来了极大的危害。为适应这一环境，不得不在自己身上"造"出了许多奇特的细孔，专供排碱用。这是生物适应性的一种表现形式，是自然选择的结果。而排出的这些黄色的液汁，恰恰是一种优质的洗涤剂，有着良好的除脂去污增白作用。

寄生植物——日本菟丝子

日本菟丝子，一年生草本。缠绕茎，较粗壮，稍肉质，橘红色，常带紫红色瘤状斑点。日本菟丝子茎的任何接触其他植物的部位，都可形成小的突起，这小的突起可演化成寄生根，扎入寄主植物的茎、叶柄以及叶中，从寄主的植物体内吸取水分、无机盐及各种营养物质。菟丝子没有叶子，不能进行光合作用，不能自己制造有机物。这

种完全从寄主的植物体内吸取水分、无机盐及各种营养物质，因此日本菟丝子也是完全寄生的植物。花成穗状花序，基部常多分

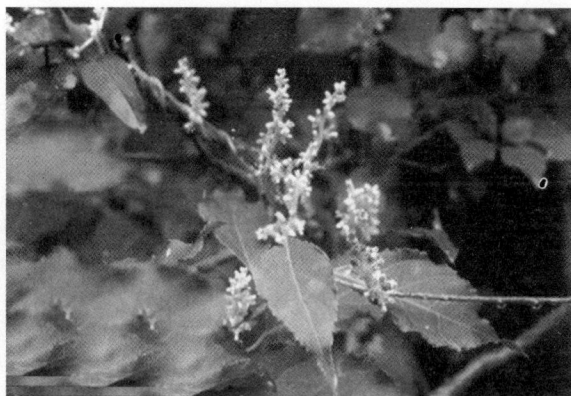
日本菟丝子

枝；苞片和小苞片鳞状，卵圆形，顶端尖。花萼碗状，肉质，裂片5，背面常带紫红色的瘤状突起；花冠钟状，淡红色或绿白色，顶端5浅裂；雄蕊5枚着生于花冠裂片之间；子房球形，2室，花柱细长，柱头2裂。蒴果，卵圆形；种子褐色，表面光滑。花期7~8月，果期8~9月。

日本菟丝子也是常见的寄生植物，它的茎和寄生根都比菟丝子粗壮得多。因此它能寄生在木本植物如灌木上。日本菟丝子对寄主的危害比较大，寄主植物往往被害致死。

日本菟丝子的种子具有补肝肾、益精壮阳和止泻的功效。

食虫植物

植物都是依靠叶绿素的光合作用制造营养物质而生存，然而也有少量植物却能捕食小昆虫以吸取营养物质，

茅膏菜便是这一类食虫植物。这种植物可捕捉昆虫，然后分泌液体消化吸收虫体的营养物质。

锦地罗

锦地罗捕捉到一只蚂蚁　　　　　锦地罗植株

锦地罗（茅膏菜属）是一种食虫植物，它常常生长在草地上或者潮湿的岩面、沙土上。锦地罗的叶呈莲座状平铺地面，宽匙状的叶，边缘长满腺毛，待昆虫落入，腺毛将虫体包围，带粘性的腺体将昆虫粘住，分泌的液体可分解虫体蛋白质等营养物质，然后由叶面吸收。

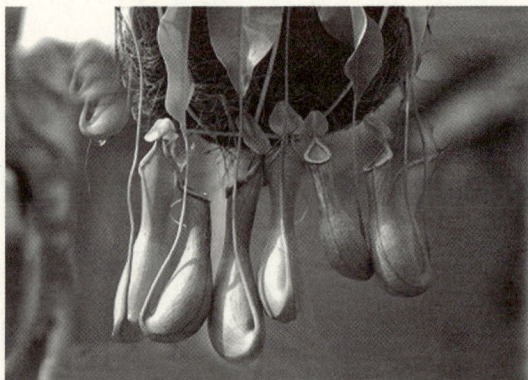

猪笼草

植物能捕食动

栽培的猪笼草属植物

物昆虫，这是一件饶有兴趣的现象，除茅膏菜以外，猪笼草科植物是另一类具有捕食昆虫能力的草本植物，猪笼草属植物全世界约67种，我国广东地区仅产一种。猪笼草在自然界常常平卧生长，叶的构造复杂，分为叶柄、叶身和卷须，卷须尾部扩大并反卷形成瓶状，可捕食昆虫。猪笼草具有总状花序，开绿色或紫色小花。猪笼草叶顶的瓶状体是捕食昆虫的工具。瓶状体开口边缘和瓶盖复面能分泌蜜汁，引诱昆虫。瓶口光滑，待昆虫滑落瓶内，被瓶底分泌的液体淹死，并分解虫体营养物质，逐渐消化吸收。

食虫植物还有狸藻科的某些种类，黄花狸藻除花序外都沉于水中，叶器上有卵球状捕虫囊，可捕捉水中微小的虫体或浮游动物。夏秋季花序伸出水面开出黄色唇形花。

黄花狸藻

挖耳草

挖耳草是狸藻科一种生于沼泽湿地的食虫植物，它是矮小草本，茎直立，有匍匐枝，捕虫囊生于叶器匍匐枝上。因其食虫，无具叶绿素的大型叶片，枝顶开数朵小黄

挖耳草

花，果期萼增大并下垂呈挖耳匙状。

沙漠勇士——骆驼刺

在巍巍祁连山下，在茫茫戈壁滩上（极其干旱），生存着一种西北内陆独特的植物——骆驼刺。无论生态系统和生存环境如何恶劣，这种落叶灌木都能顽强地生存下来并扩大自己的势力范围。君不见在一望无际的戈壁滩上，在白杨都不能生存的环境中，只有一簇又一簇的骆驼刺在阳光下张扬着生命的活力。

骆驼刺是一种草本植物，是戈壁滩和沙漠中骆驼唯一能吃的赖以生存的草，故又名骆驼草。主要分布在内陆干旱地区，如沙漠和戈壁，吸取地下深处水分和营养，是一种自然生长的耐旱植物。

为了适应干旱的环境，骆驼刺尽量使地面部分长得矮小，同时将庞大的根系深深扎入地下，根系一般长达20米。如此庞大的根系能在更大的范围内寻找水源，吸收水分；而矮小的地面部分，植物茎上长着刺状的很坚硬的小绿叶，这样就有效地减少了水分蒸腾。在春天多雨的季

骆驼刺在水较多时长得较好

节里吸足了水分，可供这一丛骆驼草一年的生命之需，所以最终它能在这种恶劣干旱的沙漠环境里生存。

骆驼刺，被誉为"沙漠勇士"，它顽强的生命力征服了大自然。它也是沙漠戈壁"三宝"之一，其余两宝是胡杨、红柳。骆驼刺给人一种落寞的感觉，它太平凡、太普通了，多半不足半米，丛球状，浑身带刺，多呈现枯黄色，没有半点生机。但这小小的骆驼刺，是极其耐旱的沙漠植物，浑身长满针叶状的刺，它个子虽矮小，却拥有又长又深的

沙漠中的骆驼刺

根。因为严重缺水，骆驼刺会枯黄，但它并没有死去，它的根深深地扎在沙石的下面，只要有一点点水，就会马上转为绿色。它同胡杨、红柳、沙蒿等沙漠植物一样，担负着阻击风沙前行的重任。就是它给这荒芜的沙漠带来一点浅绿，它顽强地生长在这干燥的沙漠之中，悄悄地在沙漠中到处的洒开。它是那么的矮，它浑身长满了刺，那形状

也不招人喜欢，它生得随随便便，长得漫不经心。在霜寒烈日中坚韧、顽强地生存着。骆驼刺身处恶劣的环境，却比所有的生命都要自信而顽强地生长着。

漫画：茎"罢工"的后果

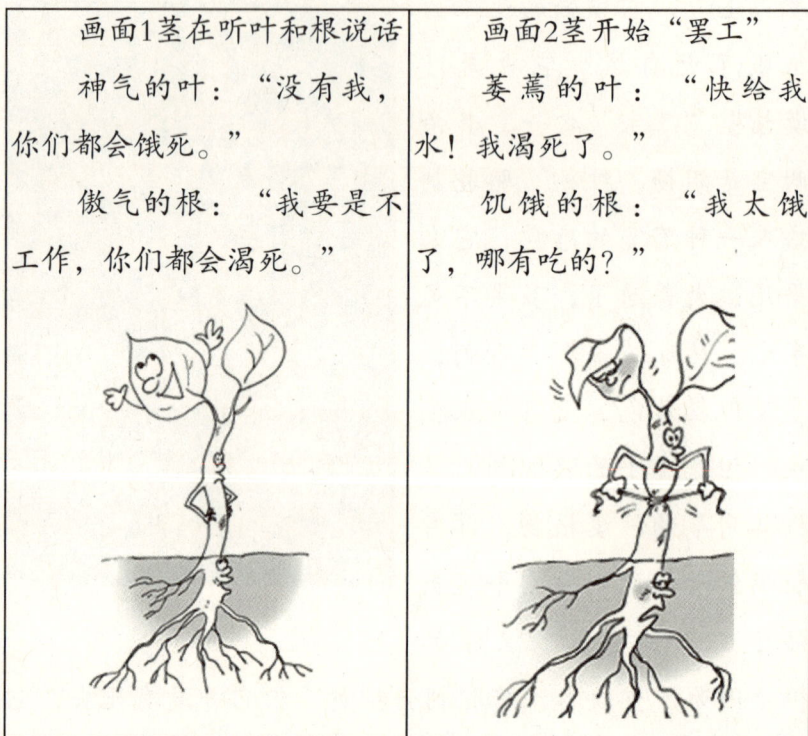

画面1茎在听叶和根说话	画面2茎开始"罢工"
神气的叶："没有我，你们都会饿死。"	萎蔫的叶："快给我水！我渴死了。"
傲气的根："我要是不工作，你们都会渴死。"	饥饿的根："我太饿了，哪有吃的？"

图书在版编目（CIP）数据

生命的圣火/姚宝骏，郭启祥主编．－南昌：百花洲文艺出版社，2012.2
（自然科学新启发丛书）
ISBN 978-7-5500-0315-6

Ⅰ．①生… Ⅱ．①姚…②郭… Ⅲ．①能量代谢－青年读物②能量代谢－少年读物
Ⅳ．①Q493.8-49

中国版本图书馆CIP数据核字（2012）第031208号

生命的圣火

主　　编　　姚宝骏　郭启祥

本册主编　　李　平

出 版 人　　姚雪雪
责任编辑　　毛军英　胡志敏
美术编辑　　彭　威
制　　作　　何　丹
出版发行　　百花洲文艺出版社
社　　址　　南昌市阳明路310号
邮　　编　　330008
经　　销　　全国新华书店
印　　刷　　江西新华印刷集团有限公司
开　　本　　787mm×1092mm　1/16　　印张　11
版　　次　　2012年3月第1版第1次印刷
字　　数　　120千字
书　　号　　ISBN 978-7-5500-0315-6
定　　价　　18.70元

赣版权登字　–05–2012–32
邮购联系　　0791–86894736
网　　址　　http://www.bhzwy.com
图书若有印装错误，影响阅读，可向承印厂联系调换。